陪 伴 女 性 终 身 成 长

周一断食

[日] 关口 贤 著

吴梦迪 译

江苏凤凰文艺出版社
JIANGSU PHOENIX LITERATURE AND
ART PUBLISHING, LTD

前言

0元奇迹减肥法——"周一断食"

听到"断食",大家首先想到的是什么呢？是不是一听到要不吃饭就觉得困难，让人不禁担心自己无法做到？最近十年，我们见证了各种减肥法的兴衰，其中就包括比较流行的只喝酵素饮料或冷压果汁的"断食减肥法"，以及少吃一顿或两顿的"轻断食减肥法"。

你知道吗？这些潮流的背后其实蕴含着全世界的医学家对断食减肥法的研究新发现。

· 断食有助于提高免疫力。

· 短短几天的断食就可以激活长寿基因。

· 断食能让人体进入生酮状态，体内会生成将脂肪转化为能量的酮体，使身体快速瘦下来。

· 断食能促进激素分泌，增加大脑内的 α 波，使精神处于稳定状态。

这里只是列举了断食的一小部分益处而已。事实上，在我接触断食的十几年间，它给我带来的各种感受都相继得到了医学上的证实。因此，对于断食能带来的惊人效果，我也越来越有信心。

从我成为针灸师起，我便开始了断食。因此，我作为针灸师的时长和我实施断食的年数是相同的。

2007年，我获得了日本针灸师国家资格证，并师从王尉青先生学习针灸。王尉青先生是我仰慕已久的中医专家，也是位于东京青山的中国式专业针灸治疗院"Hurri"的院长。我就是在那里遇到了"断食"。

治疗院每天都要接待一千多位来访者，其中90%都是为了减肥而来。而治疗院采取的主要治疗方法就是针灸和断食（中医称为"不食"）。这种方法不仅能够带来很好的减肥效果，还能明显改善体质。于是从那时起，我开始如饥似渴地学习断食疗法。

在Hurri治疗院，我在王先生的指导下，共为四万多人提供了针灸治疗和断食指导。2010年，我在东京银座创办"关口针灸治疗院 HEAL the WORLD"之后，又接诊了近三万人。迄今为止，已有超过七万人接受过我的针灸治疗和断食指导。

从我接诊的这些人的身体数据来看，大多数人都是在最开始断食的第一个月成功减重5~7kg，第二个月就能减重10kg左右。而且，和其他减肥方法不同，采用这种断食方法成功减肥的人很少出现反弹。

举个例子。如图，M女士仅尝试了四周的周一断食后，体重从65.1kg减到59kg，体脂率也从34.8%降到了31%。肩膀附近的赘肉减少了不少，全身的浮肿也消除了，整个人瘦了一圈。

根据自身的断食体验，并结合七万多位患者的临床治疗成果，我真心想为大家重塑一个健康的常识。即摒弃"一日三餐"的固有常识，学习了解"通过断食获得不进食时间"的新常识。而这就是凝聚了治疗精髓的"周一断食"。这种方法适用于所有人，不需要花费一分钱，且操作简单又安全，自己在家里即可轻松实施。

断食只要不吃就可以了。所以，一旦下定决心，就可立即执行，而且第二天早上就能看到效果。很多人都在节食疗法、健身房、瘦身仪器、减肥保健品等上投入了大量的金钱，而本书介绍的减肥方法不用花一分钱！也不需要花费任何时间！还有比这更简单、更不易反弹的健康减肥法吗？

周一断食，顾名思义，就是每周一实施断食的方法。断食后的周二到周五，采用满足身体需求的"良食"，周末则享用自己爱吃的美食，满足精神需求。先实践四周，重复"断食→良食→美食"的循环，让体重减下来。通过这种方法，不仅能让身体瘦下来，还能从根本上改善体质，让身体每天都处于舒适的状态，养成不易发胖的体质。下面是实施过周一断食的人给我的反馈。

"刚开始时，我很担心自己能不能够做到断食。但是坚持了四周之后，周一断食已经成为我调节身体平衡所不可或缺的新习惯。"

"这个方法可以一边工作一边实施，有孩子也没关系。"

"可以在家里实施断食，既不花时间，也不花钱，但是效果惊人。"

"以前采用控糖法减肥时，整天都在考虑饮食搭配是否合理。而周一断食法非常简单，只要不吃就可以了，也没有压力，真的是为忙碌的我量身定做的。另外，因为不用购买多余的食物，还可以省钱！"

说到断食，可能很多人都会觉得"痛苦""艰难""非常人所为"。但实际上，工作忙碌、经常出差的人也好，专注于自己喜欢的运动的人也好，都可以很轻松地实施断食。

每个人的减肥目的、减重目标、目标体脂率、生活环境和体质都千差万别，但是通过实施周一断食，他们不仅获得了各自想要的减肥效果，而且身体上的各种不适症状也都奇迹般地消失了。

"我瘦了5kg，不仅苗条了不少，浮肿也消失了。这固然是值得开心的事。但更重要的是，不进食的时候，我所有的感觉都变得更加敏锐，而且诚实地面对自己身体的时候也更加开心。我的生活和性格也变得越来越平和了。"

以上都是断食带来的好处，但断食的益处不仅仅是这些。

希望大家尝试一下周一断食，感受这种"0元减肥法"的神奇效果。相信你也可以轻松获得清爽舒畅的美和健康。

目录

第1章 "周一断食"——终极减肥法&体质改善法

周一断食的建议　　2

现代人已经忘记了"断食"这个常识　　6

断食为什么对身体好？　　8

断食的神奇功效　　11

断食会很痛苦吗？　　15

断食有助于提高睡眠质量　　18

断食可以改变一个人的生活方式　　21

简单自测一下自己是否过食　　24

消化系统失调是万病之源　　27

过食引起肥胖的原理　　29

所有人都可以实施的健康减肥法　　31

断食减肥，不反弹　　33

第2章 周一断食，谁都可以轻松实践！

断食开始前，请先检测体脂率　　36

请先尝试为期一个月的周一断食　38

成功的关键在于断食第一周　39

第一周是"破坏再治疗"的时间　41

周一断食的一周菜单　43

周一断食的菜单说明　45

周一断食的5大准则　49

断食前一天该如何度过？　54

饥饿难耐时该怎么办？　56

关于周二早上的恢复餐　58

断食期间可以吃零食吗？　60

断食期间可以饮酒吗？　62

断食期间该如何运动？　64

关于断食和排便　66

关于断食后的身体变化　68

专栏　哪些人不能实施断食？　71

第3章　轻松断食小贴士

断食是让食欲恢复正常的手段　74

给断食进展不顺之人的建议　77

建议1 遵守时间 79

建议2 保持房间整洁 81

建议3 不以"忙"为理由 83

建议4 试着从晚间断食开始 86

把握好最后的关键一步 88

最后关键一步1 早上泡澡 90

最后关键一步2 提高睡眠质量 91

最后关键一步3 认同自己 92

最后关键一步4 设定两个目标 94

最后关键一步5 不怕麻烦 96

体重和体脂率呈阶梯式递减 98

第4章 不再迷茫！周一断食Q&A

Q 开始实施周一断食后，
就不可以参加聚会了吗？ 103

Q 断食期间，会影响和朋友的交往吗？ 105

Q 实在戒不掉零食，该怎么办？ 107

Q 生理期到来之前，体重不下降，
快要失去信心了，该怎么办？ 109

Q 最好每天都称体重吗？ 111

Q 连续执行一个月周一断食的菜单，
会不会营养不良？　113

Q 实在无法在晚上12点前睡觉，该怎么办？　114

Q 断食期间，晚上饿得睡不着，怎么办？　116

Q 为了缓解空腹感，可以嚼口香糖吗？　119

Q 想要快速达到减肥效果，
可以一周实施两次断食吗？　120

Q 断食日能吸烟吗？　121

第5章　防止反弹的饮食方法

维持体重型的周一断食菜单　124

通过"进食时间×进食内容×进食量"
来决定如何吃　130

在胃中滞留时间短的食物优于抗饿的食物　133

便利店是敌还是友？　135

关于断食期间的饮水　137

了解适合各个季节的饮食方法　140

为想要两个月减重7kg以上的人
准备的周一断食高级菜单　142

第6章　通过断食重获新生！经验谈

经验谈①

患有不孕不育症，
但在实施断食三个月后成功怀孕了！　147

经验谈②

直径8cm的子宫肌瘤，
一个半月后缩小到了3cm。　150

经验谈③

生理周期变成28天，
痛经和经前期综合征也有所缓解。　152

经验谈④

体重减轻了，春天也没有得花粉症！　155

经验谈⑤

四个月时间，血压、血糖、胆固醇都回归正常。　157

经验谈⑥

困扰多年的皮肤粗糙问题，彻底解决了。　159

附录　良食期间的食谱　161

后记　167

第 1 章

"周一断食"——
终极减肥法 & 体质改善法

周一断食的建议

在我开办的"关口针灸治疗院 HEAL the WORLD"内，前来治疗的超过80%的女性都是为了减肥、美容、瘦脸、抗衰老等外表改善而来。

而男性则主要是因为长年被慢性腰痛、膝关节疼痛或其他身体不适症状折磨而来治疗。他们当中还有一些人是因为落下生活习惯病，被医生建议减肥，却又不得其法。这些人大部分都是通过朋友介绍来治疗院的。

这些患者的性别、年龄、体型、治疗目的都各不相同，所以我们为他们实施的针灸、按摩都是量身定制的。但是，除此之外，有一点我会要求他们所有人都实施。那就是断食。

肥胖、衰老、腰痛、生活习惯病，甚至还有月经失调、不孕等妇科问题，以及偏头痛、花粉症等过敏类的烦恼，这些乍一看没有任何关联的症状和烦恼，该如何用一种简单的方法改善呢？从身体的构造、中医学的观点出发来探寻这些问题的根本时，就会找到"断食"这个答案。

断食是改善体质不可或缺的强效开关，它可以打破引起身体现有不适症状的恶性循环，并将其转变为良性循环。就好比开车时，用力踩下油门后，即使松开脚，车也会继续向前行驶一样。只要在最开始的时候给身体发送"接下来要改善身体状况"的强烈信号，改善体质的开关就会被打开。

只要体质能够得到改善，身体就会恢复原有的机能，从而减去多余的脂肪，而且身体的各种不适症状也会得到改善。

在治疗院，我们一般的做法就是在医生的专业指导下，借助针灸为患者施行为期三天的断食。这三天，仅以水度日，就可以为恶性循环踩下急刹车，使身体回到空挡状态。第四天开始恢复饮食，花大约一个月的时间，分阶段逐步增加可食用的食物。这样，就可以帮助身体顺利地进入良性循环。

在我作为针灸师的职业生涯中，总共接诊过七万多位患者。这些患者都通过断食获得了相应的成效。而且很多患者除了获得明显的减肥效果之外，还收获了额外的惊喜，比如困扰自己已久的病痛和身体不适也得到了改善。

既然如此，那是否所有人都可以尝试断食三天呢？并非如此。相比于断食的第一天，从第二天开始，人体储存的能量开始大量消耗，无论从精神还是身体上，人都会开始变得痛苦难熬。有的人甚至还会出现头痛、头晕、倦怠等症状。空腹引起的饥饿感也会逐渐增强。

在治疗院，我们会通过针灸帮助患者缓解这些不适，所以实施断食的这三天内，患者在肉体和精神上并不会受到太大的折磨。除此之外，治疗院还会在与断食同等重要的恢复期的饮食方面，给出适合患者的建议，帮助他们获得更好的减肥效果。但是，不得不说，如果没有专业的医生指导，这三天的断食是很难完成的。

那么，无法前来治疗院的人，如果也想要获得断食带来的卓越效果，该怎么办呢？答案就是"周一断食"。即一周一次，周一不进食。如果只断食一天，那么大家所担心的头晕、焦虑等症状几乎就不会出现，这样在家也可以安全地进行。

可能有些人会在开始断食后的前两周，因为身体还不习惯断食等原因而出现心神不宁、头痛、空腹引起的焦虑，甚至严重头晕等症状。但这些症状都是一时的，之后的断食会越来越轻松，第二周比第一周轻松，第三周又比第二周轻松。

一周只有一天不进食。像这样的周一断食连续施行三周或四周后，就可以和治疗院实施的三天断食一样，逐渐改善体质。

结束四周疗程的人都表示"从第四周开始，即便吃，体重也会下降""早上起得来了""经前期综合征的各种症状减轻了，痛经也有所缓解"。她们通过坚持实践，切实地感受到了周一断食给身体带来的积极变化。

周一断食不是通过断食折磨身体，而是通过断食极力减轻身体的负担，激发最大的减肥效果。这是一种终极减肥法和体质改善法。

现代人已经忘记了"断食"这个常识

当今社会将一日三餐视作常识,而"断食"则有违常识。虽然断食减肥法曾经风靡一时,但"断食"这样的健康法尚未渗透到我们的日常生活中。

为什么这么说呢?大家是否只要一顿不吃,就会感到烦躁?对于从小就被灌输了一日三餐的我们而言,改变常识的确非常困难。

但是,我希望大家稍微思考一下。无论是动物还是人,生病时,都会本能地停止进食,想要喝更多的水。这是因为身体本能地知道不进食可以让体内的能量专注于对抗疾病。后文也会提及,断食(不食)是中医学中自古就有的养生法,是让身体恢复健康的重要智慧。

只要体验一次断食,感受一下"断食"的好处,就可以畅通无阻、顺理成章地将"断食"奉为常识。你现在也许会将信将疑,但体验过之后,就会劝说朋友一起断食了。

周一断食十分简单,只要周一早上、中午和晚上不进食,只喝水即可。至于为什么要选择周一，那是因为无论对于有工作的人，还是对于全职妈妈来说，周一都是日常生活中实施断食的最佳时间。周一实施断食，可以提高一周的效率。平日采用对身体最好的饮食，周末和家人朋友一起享用美食，周一再重启过饮过食的身体。

按照"断食→良食→美食"这样的顺序度过一周，就可以在享受饮食乐趣的同时，让身体保持健康舒适。

当然，肯定会有一些人工作时间不规律，不便将饮食高峰设在周末，或是工作时需要长时间集中注意力。这些人，为了避免工作时出现眩晕感，可以选择在休息日实施断食。

当然，你也可以根据实际情况设定适合自己的断食日。总之，一周实施一次断食，是非常重要的。

断食为什么对身体好？

断食最大的目的是为了让使用过度的肠胃停下来休息，恢复原有的功能。

人体消耗的能量中，大约40%都用于消化活动。食物入口之后，会先在胃中停留4~6个小时，再在小肠中停留5~8个小时。从进入体内到被排泄出体外，大约需要40个小时。不同的食物，需要的消化时间也不同。蔬菜的消化时间需要45分钟至2个小时，白米饭、面类、面包、薯类等碳水化合物的消化时间需要1.5~3个小时，肉、鱼、鸡蛋等蛋白质的消化时间则需要1.5~4个小时。

如果平时一直处于过食的状态，那么就会需要更多的时间来消化和排泄，肠胃的负担也会加重。

其实，现在大部分人的肠胃都是因为吃多了才变迟钝的。肠胃每天疲于消化，被接二连三输送进来的食物占用了原本应该用于修复、恢复受损细胞的能量。而后者对于打造健康的身体而言才是最为重要的。也就是说，能量分配失衡才是引起身

8

体不适的最大原因。

通过断食阻断食物输送，暂停肠胃的消化活动，让肠胃可以自我恢复，进而打造可以将更多的能量用于修复和恢复受损细胞的体质。这样，身体状态才会不断提升。

肠胃的消化、吸收、排泄功能与代谢、血液循环、免疫力、激素分泌、自主神经有着密切的关系。因此，肠胃功能恢复正常之后，很多身体不适的症状都可以得到改善。

此外，近年来各种研究都表明，人通过控制热量的摄取，维持空腹状态，可以激活去乙酰化酶基因这种长寿基因。而由这种基因形成的去乙酰化酶有助于修复线粒体、调节免疫细胞、预防动脉硬化等，对抑制衰老有着重要的作用。由此可见，断食还是一种强效的抗衰老手段。

●过食

• 胃来不及消化 → 胃功能减弱 → 食物长时间滞留在胃中 → 滞留的食物在 37℃的环境下腐烂 → 毒素被运至全身各处

不调

• 食物从胃堵到大肠 → 肠道功能减弱 → 无法吸收营养 → 营养无法输送到各个器官

不调

●断食

• 肠胃暂停消化活动 → 能量用于修复和恢复受损细胞

身体状况得到改善

• 排泄能力提升 → 消化吸收能力提升 → 优质血液在全身循环 → 代谢能力提升

变瘦、皮肤和发质变好 → 抗衰老、经前期综合征和痛经得到缓解 → 妇科相关的问题得到改善，寒性体质得到改善

• 肠道内益生菌增加 → 分泌"幸福激素"血清素

精神稳定、免疫力增强 → 过敏症状得到改善

断食的神奇功效

理解了前面所讲的原理后，想必你已明白断食的功效不局限于减肥了吧。

要想成功减肥，必须保持动力。在这一节，我将介绍一些通过断食获得减肥效果的同时还能改善其他相关不适症状。这些都是经过治疗院成千上万患者亲身验证过的。"还能解决这个令人头痛的问题啊！"——抱着这样的期待，断食实施起来就会更有动力。

·肥胖——血脂异常症（高脂血症）、内脏脂肪型肥胖

肥胖分为很多类型。如果肥胖程度还没有对身体构成伤害，那暂时不必过分担心。但是脂肪的堆积和生活习惯病有着直接的联系。血脂异常症（高脂血症）的人血液中的胆固醇或中性脂肪等脂质含量高于标准值。而内脏脂肪型肥胖的人（包括外表看上去消瘦或普通的"隐藏型肥胖"）很容易患生活习惯病。这两种类型的人可以通过断食改善血液循环。血液循环变好后，代谢能力就会随之提高，身体燃烧脂肪的能力也会增

强，进而消除肥胖。

　　但是，要想血液循环得到改善需要实施3~4周的周一断食。待血液循环得到改善后，体脂率才会下降。所以请记住，体脂率数值上的体现需要1~2个月的时间，并不会立竿见影。

· 身体僵硬——肩颈酸痛、体寒、浮肿

　　身体的重启能力如果减弱，就很难从疲劳中恢复过来。而且，这会导致肩颈酸痛得不到缓解，血液循环变差，进而引起体寒、浮肿等问题。另外，如果肠胃功能变差，排泄能力下降，滞留在肠道内的大便就会压迫连接着腿的淋巴等，阻碍下半身的血液循环。这也是造成身体浮肿的一大原因。

　　断食可以帮你用力按下身体的重启键。所以实施断食后，就连常年肩颈酸痛的患者也可以变得一身轻松。肠道功能得到改善之后，体寒和浮肿等症状也会逐渐改善。

· 各种妇科问题——经前期综合征、痛经、月经失调、不孕等

　　请按压一下自己的下腹部。如果感觉胀硬，说明你属于中医所说的"血淤型"。可以通过改善血液循环来解决妇科问题。糖分摄取过多会导致血糖猛涨猛落，伤害血管，从而影响血液循环。在治疗院，有很多患者通过控制糖分，成功地解决了一些常见的妇科问题。所以，也可以在实施断食，改善血液循环的同时，通过暂时性的控糖来改善体质。

· 头晕——头晕、耳鸣、起身时眼前发黑

这些症状几乎和肩颈酸痛是一体的。肩颈酸痛的人，脖子以上血流不足。这会影响到半规管，引发头晕等各种症状。空腹入睡有助于提高身体的修复和恢复能力，进而缓解包括肩颈酸痛在内的身体疲劳，让身体重新启动。而且，通过断食还可以改善血液循环，从而解决这些问题。

· 睡眠问题——失眠、睡眠差、不眠等

吃太多后，血液会集中到胃部，从而影响睡眠所必不可缺的激素——血清素的分泌。所以，只要不吃，让血液正常运行，就可以快速入睡。而且，睡眠期间，身体会启动修复、恢复的功能，这样，睡醒时的身体就会处于良好的状态。慢性疲劳也会有所改善。

· 美容问题——皮肤粗糙、湿疹、指甲断裂

断食不仅可以改善血液循环，还有助于调节激素，让肌肤重焕光泽。肠胃功能变差，排泄不畅时，积留在体内的毒素就会以长痘痘或皮炎等外在形式显现出来。因此，肠胃清空后，这些症状自然就会消失。不仅如此，血液会顺畅地运行至身体的各个部分，为手脚、头发等末端组织带去必需的营养。

肌肤有再生周期，所以可能需要一个月才能真正地感受到效果。但是，我经常能听到诸如"肌肤变柔软了""手臂上像疹子

一样的小疙瘩在不知不觉中消失了"等皮肤变好的反馈。

· 精神问题——焦躁、不安、抑郁

暂停肠胃的消化活动，激活肠胃的修复功能后，肠道内的益生菌会增加，肠道环境就会变好。这样一来，被称为"幸福激素"的血清素分泌量就会增加，从而使人的精神状态逐渐稳定下来。

另外，断食还可以让人的感觉变得更加敏锐，思维也会更加清晰，从而提高学习或工作效率。

· 其他——花粉症等过敏症状，血压、血糖问题等

日常生活中如果经常通过断食清空肠胃，为肠道输送乳酸菌供肠道益生菌食用，那么肠道环境就会在不知不觉中得到改善，免疫力也会逐渐增强。这样一来，花粉症等过敏症状也会得到明显缓解。

今年春天，我听到很多患者说"整个春天都没有使用花粉症的药物""出门不再需要带纸巾盒，小包装的纸巾就足够了"等。也有很多患者在冬天到春天期间，因为过食而发胖，身体免疫力也下降了，最后成了花粉症患者，还自嘲说："今年终于加入了花粉症的大队伍。"身体是不会撒谎的。

另外，断食还能及时地将你从生活习惯病的边缘拉回来。养成断食的习惯后，血压、血糖、胆固醇等数值都会慢慢回归正常。

断食会很痛苦吗？

读到这里，想必很多人都会开始觉得周一断食似乎不错。但即便一周只有一次，有的人还是会坚定地认为："断食什么的，绝对做不到！""没有自信能在不进食的状态下正常工作。"

我在治疗院做咨询时也深有体会。似乎"断食"这个词本身就会引起人的抵触。究其原因，一方面可能是因为吃不了饭这件事给人留下的印象都是负面的，比如没有时间吃饭，或少吃一顿饭时会感觉到强烈的空腹感，空腹又会带来焦虑等。

另一方面，可能是因为断食源自宗教。

佛教中有苦修，伊斯兰教中有斋月，摩门教规定每个月第一个周日为断食日。除了这些外，犹太教、基督教、印度教等各种宗教都会规定断食日或将断食作为仪式的一个环节。

宗教中的断食具有浓厚的精神修行的色彩。因此，很多人可能觉得断食是苦行僧那样不断追求精进的高尚之人才会做的事。

但是，中国的中医学和印度的传统医学阿育吠陀等，自古就将断食视作养生法、治疗法。

我的针灸治疗师和断食老师，是东京青山的中国式专业针灸治疗院"Hurri"的王尉青先生。他是一位学过中医学的医生，来到日本后，作为研究员在日本北里大学做过肠胃方面的研究。王先生的治疗主要是将针灸治疗和中医学中的不食（断食）结合在一起。

从针灸学校毕业后，我就进入Hurri工作。在那里，我遇到了王先生，并向他学习了断食。在日本，人们更偏向于按摩，所以即便考取了国家针灸师资格证，也很难找到可以磨炼针灸技术的地方。在这样的大环境下，Hurri却每天都能接待一百多位患者。

为了加入Hurri，我主动约了王先生面谈，并成功地收到了他的入职邀请。然而，七八个医生每天要接诊一百位以上的患者，这样的工作强度远比我预想的要大得多。

当时我想，既然要建议患者断食，那自己就应该先体验一下，但是却一直犹豫不决，因为觉得自己每天都忙到精疲力竭，如果不吃饭的话，怎么会有力气……我的高中时代是在一所有名的足球高中度过的，那时我每天都与足球为伴。对于当时的我而言，人生的辞典里根本就没有"不吃"这个词。一日三餐都吃不饱，中间加餐、夜宵更是家常便饭。

特别是在我准备针灸师资格证考试期间，每天学习都离不开果汁、糕点等，仅半年就胖了8kg。刚进入Hurri工作时，我不仅脸部浮肿，身体也不是很好。但是我从没想过导致这些不适症状的原因竟然是吃太多，太胖了。后来，我在王先生的指导下实施断食后，身体状况明显有所改善，所以我对饮食和身体关系的认知也被彻底颠覆了。

断食第一天时，我确实因为不能吃而感到精神压力巨大，但体力上一点问题都没有。到了第二天、第三天，我明显感觉工作时注意力更加集中了，身体的倦怠感也逐渐消失。"原来即使不吃东西，人也能这么有精神啊！"切身体会到这一点后，我变得不再执着于进食。直到四天半的断食结束时，我都没有感受到断食前预想的痛苦。

只要能熬过第一天断食的痛苦，之后不管是肉体上，还是精神上，都会变得很轻松。

这就是我的断食初体验。

断食有助于提高睡眠质量

其实这个初体验还有后续。最令我惊讶的是从学生时代以来一直困扰着我的"早上起不来的习惯"也因为断食轻而易举地被纠正过来了。

治疗院是我的第一志愿，能进入这里工作，我自认在干劲方面不输给任何一个人。但说起来有点不好意思，尽管如此，我也总是迟到。在不知道第几次迟到的时候，王先生终于动怒了："很多患者都是专程为你的技术而来的，迟到就相当于打破和他们的约定。下次再迟到，就罚款5万日元！"

第一份薪水就扣除5万日元，任谁都不愿意吧。王先生想必也认为话都说到这份上了，我应该会努力不迟到吧……但是，第二天我又因为早上起不来而迟到了。可以说，这是我这辈子屈指可数的丢人事件之一。

回顾一下我当时的生活，每天晚上8点结束工作，然后继续留在治疗院练习针灸技术，每天到家大概11点。之后，吃夜宵，洗澡，定好闹钟上床睡觉。但是早上却怎么也起不来。

早上起不来是因为意志薄弱，因为干劲不够，自己不配做一个合格的社会人士……我曾经这么责怪自己。但是体验过断食之后，我的身体立马发生了变化，早上能轻松地起床了。后来，别说是迟到了，我就像是换了个人似的，每天五点半准时醒来，从早上开始就能全身心地投入工作。

空腹入睡有助于提高睡眠质量，让你大清早就能自然醒过来。大家是否有过熟睡到半夜两三点醒来后觉得不用再继续睡下去的体验呢？实施断食后，每天都会有这种感觉。

现在，我清晨醒来后，有时会打一会儿高尔夫球，再去治疗院；有时不知道怎么打发早上的时间，就提早去了治疗院。每当这时，其他医生就会调侃我说："今天又这么早来，发生什么事情了？"

来治疗院的患者中，也有人生活忙碌不堪、一团糟。但在实施断食之后，他们养成了早上班的习惯，工作效率也提高了。还有很多人通过断食变得思维清晰，提高了工作效率。

另外，在画家、作家等艺术工作者中，也有人会为了提高注意力，在进入创作活动之前特意实施断食。

我的变化让一些好友们感到惊讶，有时他们甚至还会笑话我过着老年人一样的生活。但是我从没想过要放弃这样早睡早起的生活。

一是因为这样的生活能让我更有效地利用时间。还有就是一些患者会对我说："医生，真是无论什么时候见到您，您都那么有精神呢。"我之所以能每天都从容不迫地生活，无非就是因为遇到了断食。

断食可以改变一个人的生活方式

断食不仅可以减肥，可以轻而易举地消除困扰自己多年的烦恼，还可以改善头痛、肩颈酸痛、腰痛、高血压等各种身体不适症状，甚至还可以改善焦虑、情绪低落等精神层面的问题。

而断食最大的作用，其实就是改变一个人的生活方式。

我在Hurri工作的第二年，被派去吉祥寺的治疗院做副院长。在那里，我遇到了五十多岁的K女士。她是我这辈子都难以忘记的患者之一。

K女士膝盖有问题，主治医生建议她做手术。但是，她无论如何也无法下定决心接受手术，于是就来了治疗院。那是我第一次从初诊开始全程负责患者。我一边确认她本人的身体和意志情况，一边帮助她完成了为期两周的断食。虽然断食时间要比一般情况长很多，但最后她成功地用两个月的时间减掉了20kg，三个月减了25kg。膝盖的手术也不用做了。

通过减重消除了对膝盖的负担后，K女士从疼痛中解放了出来，渐渐地恢复了步行的能力。她开始养狗，过了一段时间后，我收到了她的消息："我在遛狗呢，拍照太开心了。"又过了几周，她又满怀欣喜地跟我报告说："最近，我开始正式学习摄影了。"后来，又听她说："下周我要和摄影朋友一起去旅行。"我们的话题越来越多，K女士本人散发的气场也发生了很大的变化。

第一次见面的时候，K女士给我的印象就是忙于园艺的大妈，在穿着打扮方面一点都不讲究。现在K女士的女儿也会定期陪同她一起来治疗院，她女儿更是直言不讳地跟我说："说实话，我以前很讨厌和妈妈一起出门。"而我竟无言反驳，可见K女士的变化有多大。

她现在会穿着颜色明亮或设计可爱的衣服来治疗院，而且非常适合她。她的生活变得如此有活力，做治疗时我们的聊天话题也变得丰富起来，都是些令人开心的事情。和几年前还在愁眉不展地犹豫要不要做膝盖手术的那个人简直判若两人。

发生翻天覆地变化的人不只是K女士。

在我们治疗院实施断食的人中，年纪最大的是一位78岁的女士。这位女士常年为膝盖疼痛和高血压所困扰，但经过三个月的治疗，她的体重减轻了10kg，体脂率降低了8%左右，血压也回归到了正常值，再也不用吃药了。常年的膝盖痛消失了，甚至可以再次和丈夫一起去打高尔夫球。

以前穿不了的衣服现在能穿了，以前戴不了的戒指现在能戴了，因为年龄的原因而不得不放弃的很多兴趣爱好，现在都可以做了。看到她开心的样子，我再次认识到，女性无论多少岁，都是爱美的呀。

积极向上的身体会让人生也变得积极向上起来。

通过断食，令人不快的症状消失了，身体变瘦了，想法也变得简单了。各种各样积极正面的变化接踵而至，让大家的外表变得越来越美，生活态度变得越来越积极。

总是啰啰唆唆散发负能量的人，通过断食后会脱胎换骨，变得活泼开朗。以前总是因为怕累穿运动鞋的人，现在也会穿着高跟鞋，踏着飒爽的步伐来治疗院。

中医讲究"望诊"，即通过观察患者的神色、脸色，来进行诊断。有的患者断食前眼皮略微下垂，眼神中没有一点神气，令人不禁疑问："是不是最近接连聚餐太累了啊？"但实施断食后，他们再来治疗院时，我就经常可以看到他们的眼神烁然有光。

肠胃疲劳时，嘴角会略微下垂，嘴唇粗糙，唇色也不好。通过断食清空肠胃后，嘴唇会变得滋润有光泽。单单是这样的改变，给人的印象就会明朗很多。

亲身见证过众多患者的变化后，我不断地确信世上没有哪一种减肥法、体质改善法能比断食更立竿见影，甚至可以改变患者的人生。

简单自测一下自己是否过食

读到这里，想必你应该已经明白过食会引起身体的各种不适。但同时，你是不是也觉得自己虽然喜欢吃，但也没有多吃到需要断食的地步呢？

然而，按照我的诊断标准，下列项目中只要符合一项，就属于过食。

☐ 每餐都要吃到撑。

☐ 时间一到，即便没有那么饿，也会吃饭。

☐ 每天晚饭都吃碳水化合物（白米饭、面包、面条等）。

☐ 在两餐之间（早餐和午餐、午餐和晚餐）有吃点心的习惯。

☐ 在外面用餐时，能快速吃完汉堡肉或炸猪排套餐。

☐ 经常吃完饭不到两小时就睡觉。

我希望中老年读者能多加注意一下，随着年龄的增长，身体的代谢能力会逐渐下降。所以，食用一些营养价值过高的食物也会引起过食。特别是从艰苦年代走过来的人，往往会有"吃不完就浪费了""必须要摄取足够的营养"等固有思想，而这很容易导致过食。

回答有关饮食习惯的问题时，人们往往会给出对自己很宽容的答案。所以，接下来我要介绍几个能客观判断的检查法。请根据这些方法解读身体所发出的信号。

这也是我平时诊断患者时经常使用的方法。

【过食检查① 观察舌头】

在镜子前伸出舌头，检查舌苔。中医学中有观察舌头颜色和形状的"舌诊"。它是了解肠胃状态的重要参考。

- 舌苔少，整体呈粉色→肠胃功能正常。
- 舌头整体偏白，舌苔呈白色且厚→胃中有食物积留，或胃功能减弱。
- 舌苔偏黄→光靠胃已经无法处理食物了，连肠道都堵满了。便秘时舌苔也会偏黄。

舌头反映肠胃状态

【过食检查② 按压腿部】

腿上有代表胃的穴位——足三里穴。如果按压这个穴位，有强烈的痛感，说明肠胃功能因为过食而减弱了。

另外，整个小腿部分都是胃的穴位，所以过食的人，整个小腿外侧会肿胀。

因为职业的关系，我观察过数万人的小腿。坐电车的时候，看到坐在对面座位上的女性的小腿，经常会想上去跟她说："你吃太多了哦。"小腿能明显地反映肠胃的状态。所以，自测起来很容易。

断食后白色的舌苔会不断变薄，小腿外侧也会变柔软，所以你应该能切实地感受到它们和肠胃之间的相互作用。

[足三里穴]

位于膝盖骨凹陷处向下四指（除了大拇指以外）宽处。请变换角度按压其四周，如果有强烈的痛感，说明你过食了。

[小腿]

按压或碰触小腿外侧，如果感觉僵硬或肿胀，说明你过食了。

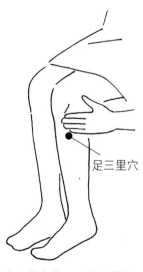

足三里穴

代表胃的穴位——足三里穴

消化系统失调是万病之源

中医非常重视五脏六腑（五脏：心、肝、脾、肺、肾；六腑：胆、小肠、胃、大肠、膀胱、三焦）的平衡。其中只要有一个器官的功能减弱了，整体就会失衡，从而引发各种不适症状。

另外，中医有"病从口（食物）入"的说法，以西医为基础的德国也有"一日三餐，两餐为自己，一餐为医生"的谚语。可见，人确实会因为过食而破坏身体的状态。

而消化系统的失调，则会影响全身的状态。入口的食物在胃中被消化，但是如果胃的功能减弱了，食物就会在胃中滞留过久。无论外面的气温是多少，内脏的温度一年四季都维持在37℃左右。所以，就像把食物放在37℃的酷暑中一样，一直滞留在胃中的食物会马上开始腐烂，生成毒素。

在胃中经过消化的食物被输送到肠道，肠道从中吸收的营养会随着血液一起运输至全身，修复受损的细胞。同时，不需要的老旧废物会被排出体外。

如果肠道功能减弱，吸收能力下降，细胞的修复能力就会一落千丈，引起各种各样的问题，比如难以消除疲劳、无论睡多久都困、代谢功能下降、变得容易发胖、肌肤没有光泽等。另外，人体免疫力的强弱很大程度上是由肠道健康状况决定的。所以当肠道功能减弱时，人就会变得容易感冒，或出现过敏症状。血清素的分泌量也会随之减少，所以还可能出现情绪低落等精神问题。

从减肥到精神健康，肠胃功能都发挥着至关重要的作用。

过食引起肥胖的原理

我经常跟患者说："胃是第一仓库，肠道是第二仓库，脂肪是第三仓库。"食物经口进入身体，然后在胃部被消化。但是如果上一批食物还没被完全消化，下一批食物就被输送进来了，也就是说过食的状态如果一直持续，胃的消化能力就会持续减弱，沦为食物的仓库。

胃和肠是连接在一起的，所以当胃开始堵塞时，肠道也会堵塞。照理说，被胃消化过的食物到达肠道之后，肠道就会从中吸收人体所需的营养物质，然后将不需要的物质排泄出体外。但是，如果肠道被食物的残渣堵住了，它的功能也会减弱，成为另一个仓库。

当肠道里充满了食物残渣时，它不仅无法吸收营养物质，反而会令身体陷入营养不足的境况。是不是觉得非常不可思议呢？

当第二仓库即肠道的容量超标时（严格来讲，也有从肝脏转变为脂肪的情况），就会将多余的部分储存到第三仓库——脂肪中，从而引起肥胖。

另外，如果食物一直堵塞在胃中，胃就会一直分泌胃酸。胃酸一出现，就会向大脑发出"快把食物输送进来"的指令，让人产生"想要吃东西"的饥饿感和空腹感。

明明胃中还装满了尚未完全消化的食物，却难以违抗大脑发出的指令，忍不住吃掉手边的饼干、甜点等。如此一来，胃中堆积的食物就会越来越多，肠道被堵，脂肪囤积……从而形成恶性循环。

无论吃多少都无法得到满足，虽然觉得这样不行，却还在继续吃。这种令身心俱疲的恶性循环，需要用断食来画下休止符。

所有人都可以实施的健康减肥法

有些读者可能已经尝试过各种各样的减肥方法了，其中也许有人会问："如果问题的根源在于过食的话，那是不是减少食量就可以了呢？"或"控糖减肥不可以吗？"前来治疗院的患者中，也有相当一部分人会问："我没有信心可以坚持断食，所以可不可以逐步减少食量？"

对于这些问题的回答，这么说可能有点不太好听，但是我想说，如果你能做到这些，现在还会来这里咨询如何减肥吗？而且，靠意志力控制每餐的食量有多难，我想在减肥这条路上经历过多次挫折的你自己应该深有体会吧。

"早上吃点甜食也没关系吧。午餐吃意大利面也可以，但如果要吃面的话，还是选择荞麦面吧。"

"啊，好想吃零食啊！"

"晚上吃沙拉吧，但好想喝啤酒吃炸鸡啊！"

"洗完澡吃冰淇淋不太好吧。"

……

请回忆一下，尝试通过控制食量或热量来减肥时，大脑应该会比平时更容易被食物支配，总是想着："吃点什么呢？做点什么好吃的呢？"

早上、中午、晚上，每到饭点，就会开始考虑吃什么。这种精神压力是导致减肥失败的一大因素。

而断食只要"不吃"就可以了。非常简单。不用思考吃什么，也不用花钱，对减肥者而言可以说非常轻松。另外，因为不用花时间去思考吃什么，也不用花时间去准备，所以可以让一天过得更有意义。

习惯断食之前，你可能会在空腹的时候和自己的食欲抗争。这是很自然的事情。但是，只要你亲身体验过空腹时时间缓缓流淌的感觉，空腹就会变成一种享受，抗争自然也会消失。

比起控制饮食，断食其实更轻松。

断食减肥，不反弹

如果养成了周一断食的习惯，就不会像其他很多减肥法那样动不动就反弹。因为这个方法能从根本上改变人的体质，使它从蓄积型变为燃烧型。说得再直白一点，就是从"胖子循环"变为"瘦子循环"——断食可以斩断身体疲于消化的恶性循环，重启良性循环。

大致过程如下：

●胖子循环
过食导致消化、排泄功能（代谢）下降→体内容易堆积脂肪等身体不需要的物质→体重增加→身体变得沉重、容易疲劳→不想运动→变得更胖

●瘦子循环
断食→免疫力提升→身体的修复和恢复机能提高→代谢功能增强→身体自行燃烧脂肪→变瘦、变成易瘦体质

"瘦子循环"一旦启动，被食欲左右的情况就会骤减，自己也会像脱胎换骨了一样，稍微吃一点美食就可以得到满足。

而且，通过断食斩断"胖子循环"后，就再也不会像断食之前那样，莫名其妙地被食欲牵着鼻子走，控制食欲会变得很容易。事实上，如果能坚持这种减肥法，精神方面也会变得很轻松。

　　断食不仅能减少体重，还可以从根本上将身体从蓄积型转变为燃烧型，获得"易瘦体质"。拥有了即便吃也难以发胖的易瘦体质，就等于拥有了即便想反弹也无法反弹的健康、苗条的身体。体质发生变化后，除了变瘦之外，身体的各种不适症状也会随之得到改善。

　　从下一章开始，我会具体介绍实施周一断食的方法。基础菜单是以一个月减5kg为目标设计的。但是，根据你以前的生活习惯和体质、开始时的体重、体脂率以及对计划的执行程度，结果可能会有所出入。

　　但有一点是可以肯定的，那就是所有实施周一断食的人，体重都有了变化。而且，我经常听到反馈说："自从实施周一断食后，现在我无论怎么做，多年以来都岿然不动的体重竟然也会顺利地下降。"
　　现在，你也许还有点将信将疑。但是没关系，请抱着这种怀疑的态度，从下周一开始试着挑战一下吧。

第 *2* 章

周一断食，
谁都可以轻松实践！

断食开始前，请先检测体脂率

减肥就是减重，这样的认识在人们的观念中已经根深蒂固。但是，要想从根本上改变身体，比起体重，更应该减少体内的脂肪含量。话虽这么说，如果体重不减的话，身体脂肪也无法减少。所以，称体重还是很有必要的。同时也需要观察体脂率的变化，确认身体内部确实在有条不紊地变化着。

所有第一次来治疗院咨询的患者，我都会为他们测体重和体脂率。这会成为判断减肥是否顺利的指标。所以，如果你准备实施周一断食，也请在开始的时候测量一下自己的体重和体脂率。

现在，市面上有很多可以测量体脂率的体重秤，价格也不贵。所以，如果有条件的话，可以趁这个机会买一个。开始周一断食后，需要每天测量体重和体脂率。不过，重在管理，大家也没必要对数字太过在意。

一般而言，女性（15岁以上）的标准体脂率在20%~29%之间，超过30%为轻度肥胖，超过35%为中等肥胖，超过40%则为重度肥胖。

男性的标准体脂率在10%~19%之间，超过20%为轻度肥胖，超过25%为中等肥胖，超过30%则为重度肥胖。

而在我的治疗院中，体脂率在26%~29%之间时就会亮起黄灯，超过30%就会亮起红灯，如果超过了40%，就要拉响疾病即将来袭的警报。理想的体脂率如下图所示。

理想的体脂率

	20~29岁	30~39岁	40~49岁	50岁及以上
女性	22%	23%	24%	25%
男性	16%	17%	18%	19%

实施周一断食的第一阶段，女性应以体脂率不超过25%为目标，男性应以不超过19%为目标。之后，40岁以下的人再朝着各自年龄层的理想体脂率而努力。50~70岁的女性至少应保证体脂率不超过30%。

说实话，以减肥为目的来治疗院的人中，几乎没有体脂率一开始就低于25%或19%的。脂肪源自过食之物的囤积。请不要回避这个现实。

请先尝试为期一个月的周一断食

为了让你能够轻松地坚持下去，本书介绍的周一断食菜单要比在治疗院进行的断食宽松一些。基础篇以四周为一个周期，减重目标为5kg。

请先尝试一个月的周一断食，感受一下身体的变化吧。

"断食→良食→美食"的循环，将会帮助你获得健康。

正如前文所说，一周一次，连续实施一个月周一断食的效果，和在治疗院实施"三天断食和四周恢复"菜单的效果是一样的。

最近的研究表明，每年实施两次3~5天的断食，就可以获得易瘦体质。所以，我将两个月设为一个断食周期。

成功的关键在于断食第一周

很多实施过周一断食的人都表示："第一周是真的很艰难。"艰难的情况因人而异，主要有饥饿难耐、头痛、眩晕、强烈的睡意等。

首先，先入为主地认为"断食肯定很艰难"会让第一次断食变得更加艰难。第一次带着些许不安走在一条充满未知风景的路上时，你会感觉路途很遥远。但第二次走的时候，你可能就会觉得"咦？这么近吗？"断食就跟这种感觉差不多。

第一个断食日，因为对空腹还残存着无法抹去的负面印象，或对食物有着深深的执念或其他想法，你的心思往往会放在"无法吃"这件事上。所以，我觉得精神上的煎熬可能更甚于身体实际感受到的艰难。

另外，你以前的食量越大，肠胃感受到的落差就越大。这有时会体现为头痛、倦怠感、困意、眩晕等症状。也有人到了储存在体内的食物快耗尽的第三周左右，还会出现这些症状。但是请放心，不管是第一次，还是第三次，这些症状都不会持续太久。

很多人到了第二周、第三周左右，就能控制食量了，并且吃多了会感觉身体沉重，反而空腹让人更加舒服。

第一周断食时，之所以会有艰难的感觉，是因为身心都还没有习惯，这是一种必然反应。所以，请不要理会它，继续实施这个疗法，直到感觉空腹很舒服为止。体会到空腹的舒适感，才是断食的妙趣所在。

第一周是"破坏再治疗"的时间

断食期间，可能会出现头痛、眩晕、便秘、腹泻、胃痛等症状。但是，不仅是第一周，在实施周一断食疗法的整个期间，都不要依赖市面上的各种药物（如果身体有问题，一直在服用处方药，在断食之前请先咨询主治医生）。

中医学中有一个很基础的理念，叫"破坏再治疗"。断食期间身体出现的一些乍看不太好的症状，其实也是破坏再治疗过程中的一环。

针灸治疗的基本理念也是如此。找到血液流通不畅的僵硬部位，用针刺下去，破坏细胞，然后在修复的过程中，治疗症状。

与此相对，西医的药物治疗则是基于"封闭再治疗"的理念。我之所以希望大家不要服用药物，就是因为被断食破坏后准备排出毒素的身体会因为药物而再次封闭起来。

断食后的第一天，有人可能会频繁上厕所或腹泻，有人可能会长痘痘，皮肤变得异常粗糙。出现这些症状正是"破坏再治疗"的过程。所以，为了不阻碍身体排出毒素或老旧废物，请尽量不要服用市面上的止泻药或涂抹针对皮肤粗糙的药膏。

肚子变得松软证明断食后的肠道正在恢复原有的功能。犯困证明断食后副交感神经占据主导，身体正在放松。头痛是身体不好的症状发散出来后再治疗的过程。

像这样正面地去看待身体发生的变化，可以让你实施周一断食时的心情更加放松。

另外，也有人反映断食当日，口中发黏或口臭严重。这些都是胃酸过多而出现的症状。你可以多喝点白开水或其他温热的饮料，冲淡胃酸。口中不舒爽的感觉就会有所缓解。

周一断食的一周菜单

周一断食的基础菜单

	早餐	午餐	晚餐
周一（断食）	断食	断食	断食
周二（良食）	应季水果和酸奶	只吃菜	蔬菜汤、沙拉、蒸蔬菜等蔬菜料理
周三（良食）	应季水果和酸奶	只吃菜	蔬菜汤、沙拉、蒸蔬菜等蔬菜料理
周四（良食）	应季水果和酸奶	只吃菜	蔬菜汤、沙拉、蒸蔬菜等蔬菜料理
周五（良食）	应季水果和酸奶	只吃菜	蔬菜汤、沙拉、蒸蔬菜等蔬菜料理
周六（美食）	喜欢的食物	喜欢的食物	喜欢的食物
周日（美食）	喜欢的食物	喜欢的食物	喜欢的食物

市面上有各种各样的断食法，比如早上只喝鲜榨果汁或绿色蔬果汁的早餐断食法，还有服用酵素的断食法等。这些方法和周一断食法有一个根本性的差异，那就是周一断食是按照"断食→良食→美食"的循环来度过一周的。所以实施者既不会丧失饮食的乐趣，也不会承受太多的精神折磨，还能轻松地掌握控制饮食的窍门和方法。

- **断食**　周一不进食，基本只靠喝水度过。
- **良食**　周二至周五选择身体所需的营养物质食用。要让身体感到快乐。
- **美食**　周末食用自己喜欢的食物，充分享受饮食的乐趣，满足精神需求。

在享用良食和美食时，一餐的分量（咀嚼后的量）最多为两个拳头那么大。看了菜单表，你可能会觉得："啊，只能吃这么多吗？"但是，请抱着怀疑的态度尝试一下。通过实践，你肯定会相信"断食→良食→美食"的循环才是成功的秘诀。

周一断食的菜单说明

周一（断食）

　　早上、中午、晚上都不进食，只靠喝水度过。

　　水的摄取标准是1.5~2L。

　　眩晕、头痛剧烈，或实在难以忍受空腹时，可以喝两口运动饮料。

周二至周五（良食）

　　菜单的构成可以保证一天中有较长的空腹时间。这四天，你需要严格甄选身体所需的营养物质，重新认识饮食和身体之间的相互关系。除了饮食的内容之外，也要严格遵守最多两个拳头大小的食量。

[早餐]　应季水果和酸奶

　　早上在空腹的状态下醒来，摄取会让肠胃满足的营养元素，以犒劳它们在你睡觉期间的努力工作。

　　应季水果中含有维生素和酵素，酸奶中含有乳酸菌。水果的消化时间约为40分钟，给身体造成的负荷较少，所以可以说是非常适合早上食用的食物。

水果的适量标准为半个。比起吃香蕉、芒果等甜度较高的水果，我更推荐猕猴桃、苹果、葡萄柚等甜度较低的水果。但是也没必要那么严格，想吃香蕉等水果也可以，只要不是每天吃就行。

不知道该如何把握量时，可以想象一下餐后甜点的量，或搭配1杯酸奶的量。

酸奶要选择无糖酸奶。标准量为1小盒，或1个咖啡杯的量。如果觉得没有甜味难以入口，可以加入少许优质蜂蜜或GI较低的龙舌兰糖浆[①]等。

早上如果没有时间，可以用酸奶饮料代替，但要注意选用低糖的。

每天喝酸奶觉得腻，不喜欢喝酸奶，或者对乳制品过敏的人，可以将酸奶换成绿色蔬果汁。自制蔬果汁时，有的人为了增加甜度，会不自觉地增加水果的量。这一点尤其需要注意。

如果觉得只吃水果和酸奶还不够，今天无论如何都想让早餐更丰富的话，那么请注意不要增加蛋白质或碳水化合物，可以选择酱菜、泡菜、纳豆等发酵食品。因为这些食物中也含有让身体产生满足感的菌类。

注：①一种味道甘甜的饮品，含有丰富的果糖和葡萄糖，能为身体补充大量能量，可以缓解身体疲劳。

另外，温热的食物有助于缓解空腹感，所以也可以增加蔬菜汤或味噌汤。无论选择增加哪一种，都要注意整体的量不能超过两个拳头的大小。

[午餐]　只吃菜

不吃会长时间滞留在胃里的碳水化合物（主食），只吃菜。

油炸食品外层的面衣一般是用碳水化合物小麦粉制作的，所以请注意不要吃太多。

午餐经常在外面吃的人，比如快餐店、自助餐厅、烤肉店、西餐厅等，可以选择不点主食。

午餐以便当或便利店为主的人，请注意主菜和副菜的平衡，比如照烧鸡和芝麻拌菠菜等。可参考本书附录（P161~166）推荐的食谱。

[晚餐]　蔬菜汤、沙拉等蔬菜料理

蔬菜料理消化快，不会给胃造成负担。

可以选择蔬菜汤、蔬菜沙拉、凉拌菜、蒸蔬菜、蔬菜杂烩等不需要使用太多调味料的料理，晚餐可以吃的菜品意外地丰富。

蔬菜料理尽量不要用油。晚餐应避免炒菜、油炸食物，尤其是裹了面粉的油炸食物等。

蔬菜汤无论是日式的还是西式的，最好都使用自己熬制的高汤。食材方面，萝卜以外的根茎类蔬菜（胡萝卜、莲藕等）

以及薯类蔬菜（土豆、芋头、红薯等）的糖分含量较高，应避免食用，可参考本书附录（P161~166）推荐的食谱。

做汤时如果要使用颗粒状的高汤调料或清汤、鸡汤调料，请选择不含添加剂或没有使用化学调料的优质产品。

如果没有时间在家里做，也可以买现成的。冬天可以选择便利店的关东煮。晚上可推荐的食材就是萝卜。大一点的话一块，普通尺寸的话两块左右，就着关东煮的汤汁一起吃，无论是肚子还是精神都能得到满足吧！

睡前两小时不应再进食，所以晚餐时间请安排在就寝两小时以前。

至于酒，能不喝最好不喝。无论如何都要喝的话，请避开啤酒和日本酒这两种"能喝的碳水化合物"，可以适量喝点蒸馏酒。

周六、周日（美食）

早上、中午、晚上都可以吃两个拳头大小的自己喜欢的食物，也包括碳水化合物。但是，如果想要快速显现减肥效果，或想要让断食日过得更轻松一点，周日的晚餐就要吃得清淡一些。

周一断食的 5 大准则

[准则1]　食用的量最多两个拳头大小

胃只有1~2个拳头的大小，而且是由肌肉组成的，所以吃得越多，就会撑得越大。注意控制饮食的量后，因之前的饮食生活而肥大的胃就会逐渐恢复原本的大小，身体也可以回到适当的食量就能得到满足的状态。

再次强调，一次的食量最多为咀嚼后两个拳头的大小。这条守则适用于周二至周日每餐的食用量。

一份日式汉堡肉套餐，如果连米饭一起全都吃光的话，相当于3~4个拳头的大小。一碗普通的拉面，不喝汤的话相当于3个拳头的大小，如果浇头量多的话，相当于3~4个拳头的大小。当然，手的大小因人而异，食量也随之各不相同。比起追求严格性，更重要的是用餐时要有"将量控制在咀嚼后1~2个拳头大小以内"的意识。

[准则2]　一天喝1.5~2L水

周一断食当天，基本只喝水。一天的饮水量控制在1.5~2L。

身体所需的水分量和基础代谢量成正比。男性的基础代谢比女性快，很多男性一天要排出2~3L液体，所以身体比较壮实的男性可以喝2L以上的水。

断食期间如果喝咖啡、红茶、绿茶等含有咖啡因的饮料，会刺激胃黏膜，生成胃酸，从而让你更容易产生空腹感。有时候胃酸分泌过多还会让人感觉恶心，所以周一断食当天只喝水最好。

周二到周日主要的饮品也是水。苏打水会让胃中充满气体，妨碍断食后正在变小的胃，所以最好不喝。

咖啡、红茶等不要一天无限量喝。要喝的话，也应控制量，可以在下午茶时间喝上一杯。

至于水的选择，软水优于硬水。另外，冰水会降低内脏的温度，使胃功能减弱，所以无论哪个季节，建议都喝常温水。

身体容易浮肿的人往往都伴有体寒的症状，所以这类人请一定要远离冰水，喝常温水或白开水。来我这里就诊的人中，也有改喝白开水后浮肿减轻的患者。

白开水的温度没有硬性规定，喝下去之后自己感觉舒服即可。对白开水很讲究的人可能会先用铁制的水壶煮沸之后让它自然冷却。但其实只要能加热，无论是水壶，还是微波炉，都无所谓。在饮水机的热水中掺兑凉水也行。越没有讲究，越容易养成习惯。

冬天的时候，建议白天也喝白开水。而炎热的夏天，你肯定会想喝冰凉的饮料吧。这时，请将水含在嘴里等3秒之后再吞下去。

想要获得冰凉感觉的只有喉咙以上的部位。过了喉咙之后，身体会更喜欢接近体温的温度。所以，等待3秒是一个折中的方法。请一定要试试！

[准则3] 在晚上12点前睡觉

人会在睡眠中修复身体，在睡眠中变瘦。如果草率地对待睡眠，那么无论养成了多好的饮食习惯，都不会变瘦。

最理想的睡觉时间是生长激素开始活动、肠胃功能也开始活跃的晚上10点。但是，我想应该有很多人和我一样，到家忙完都过9点了吧。所以，请尽量在11点，最晚12点前睡觉。为此，必须重新调节自己的生活节奏，比如有趣的深夜节目可以录下来早上看，晚上10点过后，开始"手机、电脑断食"等。

另外，我想应该也有很多人为了美容花很多时间泡半身浴或按摩、做拉伸吧。说实话，把这些时间花在睡眠上，你能更快、更有效地变美。

再强调一遍，为了保留充足的能量修复身体，空腹入睡至关重要。在睡觉两小时前吃完晚餐，可以帮助你更有效地减肥。但是，如果为了等待消化而推迟睡觉时间的话，只会得不偿失，还不如早点睡。

[准则4]　吃多了的第二天，通过晚上断食来调节

在日常生活中，虽然不至于暴饮暴食，但不小心吃多了或喝多了也是常有的事。这时，没必要感到懊恼。之前的努力不会因为一次过食而化为泡影。

如果吃多了，就尽早将它清空。

具体来讲，就是第二天早餐和午餐照常，晚餐不吃。"昨天已经把今晚的份吃完了""只要晚上不吃，就可以抵消昨天的暴饮暴食"。掌握这样的思维方式后，你就可以很好地调整饮食，并实施周一断食了。

减肥本就不会一帆风顺。感觉痛苦就是因为一开始就以100%为目标。你可以暂时把自己的完美主义放在一边，反复试错。吃多了的时候，请鼓励自己，就算失败了也可以挽救。然后继续执行周一断食。

[准则5]　不要按照自己的想法解读

很少有人会将断食作为减肥的首选。一般都是在尝试过多种减肥方法，在变瘦和反弹之间反复好几次之后，变得难以再瘦下去，然后在查询各种减肥方法的过程中，对断食产生了兴趣。

尝试断食的人，正因为烦恼已久，所以格外认真。但是，同时也容易被施行其他减肥法获得的良莠不齐、真假难辨的信息所影响。经常可以看到他们在实施某种减肥法的过程中，按

照自己的想法重新设计，提高难度，或根据自己的情况改写规则。这都是不好的习惯。

　　周一断食进展不顺利时，该怎么办呢？答案就在本书中。迷茫时，请拿起本书，反复多看几遍，不要按照自己的想法来解读。这样你才能获得最后的成功。

断食前一天该如何度过？

对于担心自己能不能顺利实施断食或想要尽可能轻松地度过周一的人，我有两个建议。

一个是前一天的晚餐要清淡；另一个是在晚上12点之前入睡，以免睡眠不足。这两个建议都很容易做到，且效果显著。

将周一断食设计成"断食→良食→美食"的循环，是为了通过在周末享受自己喜欢的美食来释放精神压力，进而让断食更顺利地融入日常生活中。也就是说，美食是为了断食。不能因为周末可以随便吃就暴饮暴食，考虑周日的晚餐内容时也要想一下第二天。

前一天晚上的过食是刺激第二天食欲的最大因素，所以请尽量在周六到周日中午享受美食，周日晚上不要食用消化时间长的碳水化合物。只有这样，周一的断食才会轻松许多。

或者，如果你12点睡觉的话，也可以将晚餐时间提前，确保有充足的时间来消化。最迟晚上7点之前，也应该吃完晚餐。

另外，若要轻松地度过实施断食的周一，保证充足的睡眠也至关重要。充足的睡眠能够让自主神经重获平衡，进而让你以稳定的精神状态迎接断食日的到来。

如果自主神经因睡眠不足而失衡，控制食欲的开关就容易紊乱，让你被不必要的食欲所困扰，或感觉焦虑。

为了缓解断食中的空腹感和焦虑，周日晚上请早点吃晚餐，早点睡觉。

饥饿难耐时该怎么办？

在习惯断食之前，有的人即便前一天睡眠很充足，白天也会出现强烈的空腹感。尤其是从事大脑高负荷运转的案头工作的人和一直在外面奔波的人，可能会不知道该如何是好。

请记住，强烈的空腹感或无法抑制的食欲都是一时的。只要熬过那几分钟，之后就不会有太多感觉了，你会感受到自己在慢慢恢复平静。

如果一感觉饿就立即把手伸向食物，那和之前有什么区别呢？今后，请按住那只想要伸向食物的手，然后按压有助于抑制食欲、舒缓心情的劳宫穴。

压力大时，按压劳宫穴会感觉疼。经常按压劳宫穴还有助于缓解慢性疲劳，调节自主神经。

如果无论怎么按压，空腹感都得不到缓解，反而让你开始焦虑起来了，那就试着喝两口运动饮料，喝的时候记得细细品味。这样，不仅低血糖的症状能得到缓解，精神上和肉体上的痛苦感也能稍微减轻一些。

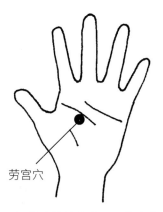

劳宫穴

抑制食欲的穴位——劳宫穴

[劳宫穴]

位置：握拳时中指指尖碰触的地方。

按压时机：想要排解空腹感，或因为空腹感觉焦虑时。

按压方法：深呼吸，吐气时按压该穴。一边稳定心绪一边慢慢按压，左右各15~30次。

功效：抑制食欲，平息焦虑。

关于周二早上的恢复餐

断食结束后的饮食叫作恢复餐。恢复餐非常重要，因断食期间得到休息的肠胃，在断食刚结束的周二早上醒来时，还处于迷迷糊糊的状态。

如果给这样的胃输送大量食物或消化时间长的食物，胃的处理能力不仅不会通过断食得到提升，反而会下降。也就是说，周一断食的成果会化为泡影。

为了避免这样的情况发生，周二早上，请一定要严格遵守第45页介绍的早餐食谱，即酸奶和应季水果（或绿色蔬果汁、发酵食品）。

肠胃得到充分休息后，吸收能力会变好。所以，如果此时你食用了糖分含量高的食物或油腻的食物，通过断食减掉的脂肪反而可能会增加。水果中的果糖如果摄取过多，也会转变为中性脂肪，所以请注意不要过食，保证在标准量的一半以内。这很重要！

尝试断食之前，你可能会担心断食的第二天会因为饥饿感而大吃特吃。但是，令人意外的是这种情况鲜有发生。几乎所有人的感想都是"不想突然把食物送入空荡荡的胃中"。

其中，也有一些人没有理解恢复餐的重要性，自以为低GI或低糖的食物没有问题，就吃了糙米或用麦糠制作的面包等。但是，即便是低GI、低糖，这些也都是碳水化合物，需要较长的时间来消化，会给肠胃造成负担。所以，断食结束后的饮食应选择消化时间短、能维持较长时间空腹状态的食物。这是关键。

事实上，我让吃糙米或麦糠面包的人改掉这个习惯后，他们长期维持不变的体重就开始下降了。请不要忘记，恢复餐是影响减重进程的重要因素。

断食期间可以吃零食吗？

很神奇的是，开始周一断食后，就不会再对甜食产生欲望了。

有个患者曾经这样对我说："以前熬夜工作时，我都需要大量的零食来陪伴。但是自从实施断食后，熬夜工作时，即便零食就摆在我眼前，我也不会多看一眼，而是拿起旁边的茶包，泡好之后回到座位上。第一次察觉的时候，我真的吃了一惊。明明以前不管想不想吃，只要眼前有零食，就会吃一点。就在那个瞬间，我由衷地相信，断食可以改变一个人。"

就像这位患者经历的一样，开始实施周一断食后，周二到周日吃零食的次数会自然而然地减少。

但是，有不少女性会因为生理周期等激素分泌的关系，变得异常想吃甜食。这时候该怎么办呢？我的建议是早上吃。但是，断食刚结束的周二早上绝对不可以。

我自己有时候也会被摆放在蛋糕店里的蛋糕所吸引，最后实在抵制不住眼前的诱惑，就买回家了。每当这时，我都会将它放一晚上，第二天早上再吃。

早上是一天中血糖最低的时候，大脑也还没开始活跃。这时候吃的食物会成为人体当天活动的能量，糖分也会马上转化为大脑的能量。所以，不用担心会产生多余的能量，囤积脂肪。

如果在非早上时段想吃甜食了，该怎么办呢？一般而言，一天中血糖下降的时间有三段，即早上6~7点，中午10~11点，下午4~5点。想吃甜食时，就请在这三个时间段稍微吃点应季水果。你会意外地发现，这样就可以得到满足哦。

吃的时候感觉甜的水果，糖分含量较高。所以最好选择猕猴桃、蓝莓以及不需要切的圣女果。

断食期间可以饮酒吗？

我想肯定有些人每天辛辛苦苦工作，唯一的乐趣就是回家后喝上一杯吧。对于这些人而言，周一要断食，平时的饮食内容也要改变，如果最后连酒都不准喝，精神压力会相当大吧。

所以，在周一断食中，良食、美食期间是可以喝酒的！但是，也有规定。

饮酒规定

- 用大米或小麦酿制的日本酒和啤酒都是"喝进肚子里的碳水化合物"。而且，搭配日本酒或啤酒一起吃的食物，不仅容易一不注意就吃多，而且很容易被身体吸收，所以请把这两种酒留到重要时刻喝吧。
- 建议喝烧酒、伏特加、杜松子酒等蒸馏酒或葡萄酒。
- 周二至周五，如果喝罐装烧酒的话，请控制在1罐以内。如果喝葡萄酒的话，控制在1~2杯。葡萄酒很容易喝多，所以一定要注意。甜口的葡萄酒糖分含量较高，所以请选择甜度低的葡萄酒。

- 如果想掺兑些什么在伏特加、杜松子酒或烧酒里时，劳烦多做一步！鲜榨的柠檬汁或葡萄柚汁，比市售的果汁好。如果一定要买果汁，请费点精力寻找无添加或糖分含量少的果汁。
- 喝酒的第二天，身体排水功能容易变差。这时，请多喝水，提高身体的代谢能力。

关于酒，如果你能把一天的量定为1杯（或1罐），并严格遵守，那就没什么问题。但如果你说"每天晚上不喝酒，就无法切换成下班模式"，那就不行。这只是你单方面的臆想。酒确实能帮助你放松工作中一直绷紧的神经，但你是不是在不知不觉中养成了喝酒的习惯，并产生了只要喝酒就可以放松的错觉呢？

习惯任何时候都可以改变。你何不趁着这个机会，在良食、美食期间，设置一天的"休肝日"呢？

断食期间该如何运动？

下定决心减肥之后，很多人都会去健身房办卡，或买齐装备开始跑步，在断食减肥的基础上，自行提高减肥难度。但是，过高的难度是受挫之源。在治疗院，我们会建议患者将运动融入日常生活中，而不是特意换上装备去哪里运动。

比如，在厨房炒菜时，做10次深蹲；用吹风机吹头发时，做踮脚跟运动；一天爬一次楼梯回自己房间或办公室；用步行代替骑自行车去车站等。这种程度的运动就足够了。

当然，如果你早已养成了定期运动的习惯，那维持原样就可以。但是，如果你是为了减肥而想开始新的运动，那我劝你还是放弃吧。从长远的角度来看，运动确实很重要，但是现在不是勉强自己的时候。

事实上，断食期间运动的人和不运动的人，最后并没有什么差别。特别是运动后会感觉饿，引起不必要的食欲的人，请尽量不要运动。

晚上8点下班后，与其去健身房运动，然后10点过后到家睡觉，不如立即回家，在12点前入睡。后者反而能获得更好的效果。实施周一断食时，建议不要对自己太严厉了，可以宠爱自己一些，早点睡觉。

关于断食和排便

　　偶尔会有一些患者跟我反映："照理说断食后肠道环境会变好，但是我的排便却变差了。明明断食前，每天都会排便。"重要的其实并非是否每天都排便，而是排便是否由肠道正常工作引起的。

　　从嘴巴到胃、小肠、大肠、肛门，就像是一根管道一样相互连接着。如果食物不停地从口中进入身体，那么先进来的食物就会被后进来的食物挤压出身体，形成排便。这种形式的排便会因为断食后没有食物输送进来而暂时停止。

　　通过肠道蠕动，形成自然的排便，这才是理想的肠道功能。断食期间，食物被阻隔在外，但即便这样，也有患者表示："排出的大便一粒一粒的，就像兔子的便便一样。"这才是肠道在蠕动的最好证明啊！

　　那位患者说这话的时候，语气有点失落，所以我马上对她说："那是好的排便哦！"这种兔子便便就是宿便。

通过食物挤压而排便的人，往往会追求一下子排出来很多大便的爽快感。但是自然滑落的排便更加重要。

断食日以及第二天，肠道功能也会暂时休息。所以即使便秘，也不用太敏感。断食之后，肠道内的益生菌群会增加，环境会变好，所以今后肯定能顺畅地排便。

关于断食后的身体变化

断食后身体理应变得舒畅，但是偶尔也会有患者出现浑身无力、眩晕等症状。不用担心，这些症状都是身体的自然反应。

它们往往会在肠胃中储存的食物枯竭时出现。第一次实施周一断食时，肠胃中还塞满了之前输送进来的食物，所以应该不太会感觉到不舒服。

但是，随着周二到周五良食菜单的实施，胃处于清空状态的时间就会增加，残留在体内的食物也会渐渐减少。所以，有些人反而到了第二次或第三次周一断食时，才会感觉到乏力或眩晕，因此也许会有少许担心。

但是，请放心，这都是一时的。等到你养成了周一断食的习惯后，这些症状自然就会得到改善。

引起全身乏力和眩晕的原因，也和血糖有关。所以，饮食习惯会造成血糖猛涨猛落的人，更容易出现眩晕的症状。

一天中不定时、不限次地喝甜饮料，吃点心；午餐以碳水化合物为主，经常饭后犯困；三更半夜还吃糖分含量高的米饭或甜点；吃饭速度快……

以前没有减肥意识的人，特别是男性中有很多人的饮食习惯是这样的，而且还不觉得有什么问题。以这种状态开始断食的人，因为没有食物输送进来，所以血糖不会上升，和之前的猛涨猛落形成巨大的落差。这种落差有时会带来较为强烈的眩晕感。

就像之前所说的那样，人体一天内会有三个血糖下降的时间段，即早上6~7点，中午10~11点和下午4~5点。刚开始断食时，体内生成糖的机制还不成熟，无法凭借自身力量提升下降的血糖。所以会出现全身乏力、眩晕的症状，有的人甚至还会出现头痛、犯困等症状。

如果条件允许，可以稍微躺一下，闭上眼睛让身体休息一会儿。或者，如果可以的话，赶紧睡觉。这是最好的解决方法。

话虽这么说，但想必很多人都因为工作无法躺下吧。那就稍微补充点糖分吧。在治疗院，我会建议患者喝两口运动饮料，然后咀嚼着咽下去。

如果喝了运动饮料，眩晕也没有得到丝毫改善的话，那就有可能是因为体内寒气太重了。

慢慢地喝点白开水、高汤、清汤等不会刺激断食中的胃的温热饮品，有助于减轻眩晕症状，所以请尝试一下。喝速溶味噌汤时，请将味噌的量减半，热水量保持不变。空腹的胃适合用清淡的味道来慰劳。

　　如果这样还是感到眩晕，就只能采取最终手段了。你可以稍微吃一点没有使用砂糖的优质水果干，或者吃小半勺茶匙的蜂蜜，为身体补充优质的糖分。

专栏 哪些人不能实施断食？

　　一周只断食一天的方式对大多数人而言都是安全的，但也有一部分人不适合实施断食。

　　首先，身体抱恙，需要定期去医院或正在服药的人，请先咨询医生后再做决定。千万不要自作主张地停止服药，或更改饮食内容。

　　孕妇或处于哺乳期的女性，现在是为了孩子补充营养的时候，所以请不要实施断食。

　　如果想要尝试，请等到哺乳结束，并且月经恢复后。月经恢复，说明激素水平正在回到原来的状态，这时候开始断食是没有问题的。

　　最后，经常有患者问我："我女儿太胖了，想让她断食，可以吗？"处于成长期的孩子不宜断食。如果担心他们在成长期横向发育，最健全的方法是改变他们的生活方式，养成尽量早睡的习惯，孩子自然会长高，而不是横向生长。

中医认为25岁前为成长期。至少20岁之前，不建议实施断食。

也有人问我："超过多少岁就不能实施断食了呢？"断食没有年龄上限。前文也介绍过，我们治疗院年龄最大的患者是78岁，实施断食后精神状况很好，整个人都充满了精气神。但是，身体有老毛病的人以及体力极其衰弱的人，请咨询医生后再做决定。

第 3 章

轻松断食小贴士

断食是让食欲恢复正常的手段

　　世上没有比控制食欲更难的事情了。越是这么想的人，在体验过周一断食之后就越会惊讶地发现，自己竟然能轻松地控制饮食。

　　其实我听到过患者们各种各样的心声。

　　"断食后味觉变得敏感，快餐和重口味的家常菜都无法入口了。"

　　"实施周一断食后，感觉身体内部变干净了，所以不想把垃圾食品输送进去。"

　　"因为稍微吃点就可以得到满足，所以开始追求食物的质量。"

　　有个患者第一次尝试周一断食后，这样跟我汇报第一周的情况：

　　说实话，实施周一断食的第一天，到了平时的饭点，我满脑子都是食物，内心和食欲斗争了半天。但是过了一会儿，饥饿感就消失了，随之而来的就是平静。体验到这一点也算是一大收获。

我之前还担心断食的第二天，也就是周二，食欲会猛增。但完全相反，到了第二天，我稍微吃了一点就感觉饱了。而且，断食后会感觉体内变干净了，完全不想把身体不需要的东西吃进去。在这种意识的作用下，控制食欲意外地变得很轻松。甜食也完全不想吃。

这种状态持续到了周三。到了周四，我开始有点想念口味重的食物和甜食。虽然还没有到非吃不可的地步，但如果手边有的话，就会想吃。但是，一想到周末可以吃自己喜欢的东西，也就忍过去了。

就这样，我迎来了周六。这次食欲总要爆发了吧？然而，不知道是不是因为胃变小了，我比预想的更快地感受到了饱腹感。所以，自然而然就想要选择食物，让每一餐都吃得更美味。在这种意识下，我每一餐都获得了超高的满足感。下午茶时间，我吃了断食前特别喜欢的闪电泡芙，却不禁疑惑：这个以前有这么甜吗？吃了两口就够了。

度过了"断食→良食→美食"的一周后，我的味觉变了，对饮食的意识也发生了很大的变化。

这位患者一周减了1.5kg，向外凸出的肚子也变得扁平了。

但最为重要的是她意识的变化——发现了以前一直过食的自己。

"回头看当初，食欲真是大到不正常。"
"我明白了不用吃那么多，也足以让一天元气满满。"
"晚上不吃，身体更好！"

就像这些声音所表达的那样，适量进食更能让你舒适地度过每一天。明白了这一点后，自然就不会再想回到以前过食的自己。而这也有助于防止反弹。

以前处于过食状态时，肠胃阻滞，身体营养不足，总是发出假的空腹指令。仅凭自己的意志力很难与本能的诉求相抗衡，于是又开始吃东西，将食物挤压进肠胃，形成恶性循环。
斩断被食欲左右的恶性循环后，身体就只会诉求真正需要的东西以及需要的量。美味人生正在前方等着你。

给断食进展不顺之人的建议

应该也有人下定决心实施周一断食后，就按照书上写的，在周末吃了自己喜欢的食物。但是到了周一早上，又搬出各种各样的借口，比如"今天有重要的会议，到时肚子咕咕叫就丢人了……"或"大姨妈来了，下周再开始吧"等，迟迟无法落实到行动上。

请不要责怪做不到的自己。接下来，我们一起想办法解决。

来治疗院的患者中，也有不少明明自己能做的都做了，却依旧瘦不下去的人。仔细了解情况后，发现是一些看上去跟饮食无关的因素对人的心理造成了困扰，最后导致断食无法顺利进行下去。

这种情况，我会建议患者从生活中对减肥造成最大阻碍的事情开始突破，或从最容易尝试的事情开始着手，慢慢改变。

不知道是不是因为通过断食，体质会慢慢发生变化，当减肥走上正轨时，大家的外表和内在或多或少都会发生一些变化。而等到通过反复实施周一断食，体脂率接近目标时，几乎所有人都会变得判若两人。不仅外表变漂亮了，内在也变得截然不同。表情、思维方式，连说话内容都发生了很大的变化。

从那些减肥多年终于成功的人们身上发生的变化中，我发现了一些共通的规则。

接下来，我会给大家一些生活习惯上的建议，希望能够帮助你顺利地完成周一断食。

建议 1

遵守时间

我们治疗院实行的是预约制，可有个患者每次都要迟到10~15分钟。她顺利地结束了三天的断食，体重也有所下降。按理来说，接下来的一段时间她的体重应该会继续下降，但是却怎么也不见减少。问了情况之后，发现她之前养成了晚上喝咖啡一定要搭配点心的习惯。所以，现在喝咖啡时，虽然也不是特别想吃，但还是会习惯性地吃点心。

这时，如果我建议她只喝咖啡，戒掉点心，应该也没什么用吧。因为要是戒得了的话，她从一开始就不会吃。所以，我就换了个角度，对她说："要不我们从守时开始，慢慢改变生活吧？"可能这个建议戳到了她的痛处，也可能她内心深处其实也想要改变总是无法守时的自己，总之从下次预约开始，她就再也没有迟到过了。

遵守时间相当于遵守和他人的约定。如果能做到遵守和他人的约定，那必定也能做到遵守和自己的约定。

以断食为核心方式的减肥期是清空肠胃的时间，所以不可以吃点心。但是，就算明白这个道理，也还是打破了和自己的约定，几乎每天都吃点心。我想导致这个结果的根本原因就在于轻视约定的生活态度吧。

和别人约好了在某个时间见面，就一定要遵守这个时间。决定了明天要坐这趟电车，就一定要算好时间准时出门。请不要为自己的无法守时寻找借口。无论什么情况，都要努力做到守时。

建议 2

保持房间整洁

　　房间的状态等同于肠胃的状态。塞满衣橱的衣服就相当于不断被送入胃中的食物。凌乱的房间就像是没有打扫的肠胃。你是否有类似的感受呢？

　　也许你会觉得将肠胃比作房间有点抽象，但其实，选择把什么东西放入房间，和选择把什么食物送入口中的思维方式是相似的。

　　也就是说，能否正确地判断对自己而言什么是必需的，什么是不必要的。

　　虽然不是必需的，但因为想要，所以买了。衣柜里塞满了衣服，却不想着扔掉一件，只会不断往里塞新的。结果导致衣服多得装不下。

　　现在虽然不是饭点，但因为想吃，所以就吃了。胃里的食物还没完全消化，又送入新的食物。结果导致肠胃一直处于超负荷工作的状态。

如果一直受欲望摆布，无法进行冷静的判断，房间就会变得脏乱，肠胃也会变得疲惫。

要想为自己创造舒适的环境，首先，从打扫房间开始。你会意外地发现这个方法真的很有效。如果你觉得打扫房间是一件很麻烦的事，那这种思维肯定也会在你的饮食生活中有所体现。你是不是经常会觉得做饭很麻烦，然后就在便利店解决呢？

如果腰不好，没办法打扫房间，就从整理包包、钱包开始吧。把钱包中的东西全都拿出来，然后扔掉不需要的。

建议 3

不以"忙"为理由

　　"忙得没空减肥……"我都不记得听过几百还是几千次这种理由了。每次我的回答都是："那你要什么时候减呢？"大家都不是因为有空才减肥的吧？

　　相反，我想大声说，越忙越是机会。在治疗院，那些体重减到接近目标的人，多数都是大忙人。

　　请试着回想一下自己当初为什么会发胖。工作量骤增让你备感压力，于是养成了回家时去便利店买甜品的习惯。跳槽后难以融入新环境，为了释放压力开始大吃特吃。像这样，因为工作上的原因，导致体重增加的例子不在少数。

　　在这些忙碌的时候，如果实施了周一断食，也许体重就不会增加。而且周一断食可以改善身体状况，也许还能帮助你以更加积极的心态度过忙碌的时期。

　　事实上，还真有一位女性在第一次挑战断食时碰上了部门调动。那个月，她每天都被各种各样或大或小的事务追着跑，不仅要处理手头的工作，交接新部门的工作，还要联系各个相关部门，处理整理桌子等杂务。每天都坐末班车回家，有时甚至休息日也要加班。

在进入新部门，并逐步稳定下来后，这位女性向我表达了谢意，她说："多亏了断食，我才能顺利度过那段晕头转向的日子。"

"我想起了您说过'越是忙越要断食'。所以，在疲劳感倍增或关键的日子，我就会实施晚间断食。晚间断食后，即便睡眠时间很短，第二天早上也能清醒地醒来，然后一大早就能去公司处理工作。也不会再像以前那样，一感到累就吃甜食。总是能够以自己最好的状态投入到工作中去。和断食前相比，精神压力也明显小多了。"

越是忙碌，就越是实施周一断食的绝佳时机！这么说还有别的理由。请试想一下在没什么安排的周末实施断食。在家无所事事，感觉肚子饿时，就开始转悠，找找家里有没有什么吃的东西。但是，今天是断食日。不，我要吃。心里一直有两个小人在打架……

与此相比，越是忙碌的时候，就越容易放下对进食的执着。

比如，早上不用吃早饭，就可以比平时更早地去公司上班。午饭时间也可以留在办公室工作。加班时可以省下吃晚饭的时间，早点回家。

也可以反过来想。忙碌的时候，人往往会把进食当成一项任务。午饭时间到了，却因为忙碌而狼吞虎咽地吃完牛肉盖浇饭；在电脑前一边工作一边啃完三明治，但是这样的进食完全没有满足感，连什么时候吃完的都不知道。忙碌的时候，人们往往会更偏向于选择碳水化合物，这样会导致体内血糖急剧上升。而为了降低血糖，体内又会不断地分泌胰岛素，导致血糖又急剧下降。

血糖波动的幅度越大，餐后就越容易犯困，也容易注意力不集中、全身乏力等，影响工作效率。典型的大忙人的饮食，大多不会带来好的结果。

饮食是一种乐趣，能有效地缓解压力。为了让饮食最大限度地发挥这个作用，就需要你在用餐时尽情享受美食。

如果实在忙到没时间吃饭，还有不吃这个选项。就拿我来说吧，每当我的预约排满了，只留有几分钟时间吃午饭时，我就会只喝简单又有营养的酸奶。忙的时候，这就足够了。工作期间，会忘了空腹感，将注意力集中在眼前的工作上。所以，工作完成后，还能获得很高的成就感和满足感。

所以，你明白了吗？忙碌并非不实施周一断食的理由。

建议 4

试着从晚间断食开始

无论我怎么说，我想可能还是会有人对"断食"这个词有抵触感吧。对于这样的人，我建议可以先尝试一下晚间断食。突然让你断食一整天可能难度有点高，但如果只晚上断食呢？是不是就不会有那么大的抵触感了？

断食的好处在于不用做准备。不需要买任何东西，不需要去任何地方。只需要买好第二天早上吃的酸奶和水果就行了。如果决定要实施断食，建议你尽量早点回家，好好洗个澡，然后早点睡觉。

大多数人哪怕只实施一次晚间断食，第二天早上醒来时也会比平时更清醒，或身体的不适症状有所缓解，总之会感受到身体上的某些变化。这种身体上的变化会自然而然地消除你对断食的抵触感。

"一开始的时候觉得断食有违常理，但是现在只要身体感觉不太舒服，就会毫不犹豫地进行晚间断食。"

"我将信将疑地实施了晚间断食，然后就深感以前的不适症状都是由过食引起的。"

　　实施断食后，大家都会发生惊人的变化，让人感觉好像变了一个人似的。而且对断食也都会产生正面、积极的看法。

　　另外，能感觉到变化的不仅是第二天。实施晚间断食后的几天，食欲恢复正常，饮食生活变得规律的情况也屡见不鲜。还能抵抗住零食的诱惑，每天都过得很舒适。甚至有人为了留住这种感觉，养成了晚间断食的习惯。

　　总之，请先用自己的身体感受一次断食的效果。我相信这会成为你开始周一断食的最强动机。

　　先从晚间断食开始，等到想要进一步提高断食的效果，改变自己的身体时，再尝试周一断食。以这种形式开始也未尝不可。

把握好最后的关键一步

　　无论是周一断食还是平时的饮食，明明已经按照菜单执行了，却还是不见瘦。实施周一断食三周左右后，可能就会有人出现这样的情况。

　　要想将身体从"胖子循环"切换成"瘦子循环"，必须执行好重要的几步。有的人一直处于原地踏步的状态，可能就是没能把握好最后的关键一步。

　　我见证过很多人把握好最后的关键一步后，身体就立即开始畅通无阻地变瘦。每个人的生活习惯和体质都不一样，所以最后一步的具体实施也各不相同。接下来，我将根据自己多年的经验，列出适用于大多数人的最后关键一步。

　　我罗列出了前文提到的周一断食的基本规则，请大家先对照本书强调的"周一断食的基本规则"自测一下。如果检查后发现自己每一项都做到了，却还是不瘦，就请逐一尝试后面的"最后关键一步"。

周一断食的基本规则

□ 周一早上、中午、晚上不进食，24小时什么都不吃，
仅以水度日。

□ 周二早上吃酸奶和水果，或喝一杯蔬果汁（除此之
外，什么都不吃）。

□ 进食的量控制在咀嚼后1~2个拳头的大小。

□ 如果发现当天吃多了，第二天要实施晚间断食。

□ 晚上想喝酒的话，可以喝罐装烧酒，控制在1罐以内。
如果喝红酒，控制在1~2杯。如果喝伏特加或杜松子
酒，控制在1杯以内，且尽量用鲜榨果汁掺兑。

□ 每天喝1.5~2L水。

□ 每天晚上12点之前睡觉。

早上泡澡

可能有人刚开始断食时体重快速下降，之后却一直维持不变，这时建议大家养成早上泡澡的习惯。

夜间，副交感神经占主导地位，身体处于休眠状态。早上，切换成交感神经主导，身体进入活跃模式。从这个身体机理来看，早上泡澡其实要比晚上泡澡更合理。

睡前泡热水澡会刺激交感神经，令人精神兴奋，难以入睡。而周一断食又非常重视睡眠质量。所以，如果回来晚了，就简单地冲个热水澡，水温也不要太高，等到第二天早上再泡澡。

热水温度控制在40℃左右为宜，泡5~10分钟即可。早上泡热水澡可以唤醒交感神经，提高代谢功能，让身体转变为易瘦体质。

最后关键一步 2

提高睡眠质量

即便在晚上12点之前躺在床上，如果睡眠质量不高的话，身体的修复、恢复功能也不会提升。

睡前泡澡是提高睡眠质量的方法之一。我经常对患者说："回家后立即卸妆，做好最低程度的睡前准备后就躺下休息吧。"因为人在迷迷糊糊的状态下入睡是最舒服的。如果因为冲澡而清醒了，反而得不偿失。

另外，要想提高睡眠质量，睡前1个小时或30分钟就应关闭电视、手机、电脑等电器电源，调暗房间照明，营造容易入睡的氛围。早上醒来后，拉开窗帘，沐浴阳光。这种小习惯也是帮助早晨清醒地醒来以及促进晚上睡眠的小秘诀。

认同自己

要想没有压力地将减肥进行下去，愉悦坦然地认同自己付出的努力非常重要。曾经尝试过各种减肥方法却没有得到结果，或者说，反复受挫的人有一个共同之处，那就是自我认同能力低。他们会更在乎自己做不到的事，而忽视自己能做到的，从而陷入自卑的情绪。

举个例子。假设这周比上周轻了200g。他们会觉得，为什么只轻了200g啊！而有的人就会觉得，开始周一断食之前连100g都减不了，这次竟然减了200g！这就是差别。

在治疗院，患者在接受治疗之前都会称体重。有一个患者，几个礼拜以来减重的速度非常缓慢，对此她感到非常不满。不知道是不是因为这个原因，之后每次称体重，无论是轻了0.5kg还是1kg，她都会不高兴。

于是，我就对她说："如果无法认同努力的自己，今后就无法瘦下去。"治疗过程中，也不断告诉她该如何提高自我认同的能力。结果，也许是那时的谈话触动到了她，自从她学会了认同自己，这位患者成功地在两个月内减去了10kg。

提高自我认同能力的关键在于即便否定自己，最终也一定要以表扬结尾。比如，按照平时的话，可能抱怨一句"哎呀，昨天聚餐又吃多了"就结束了。这时，你要再补充一句"但是，幸好结束得早，12点之前就睡了"。要一直保持"虽然没有做到○○，但是做到了○○"的意识。一定要在"但是"后面做一下补充说明，以做到的某件事结尾。

小孩在受到表扬后会进步，大人也是如此。只不过很少有大人会被表扬。所以请自己表扬自己吧。

如果能够看到自己做到的事，并一一列举出来，你就会喜欢上自己，变得更加自信。这种自信可以在减肥期间带给你莫大的鼓舞和动力。

设定两个目标

你还记得当初决定实施周一断食的原因吗？心中要有永远明确的目标，不忘初心，方得始终。

有人以改善体质为第一目标，想要通过断食治疗月经失调或头痛等问题。也有人想要达到最适合自己年龄和性别的体脂率，让外表更加美丽。

我将这些最终目标叫作"望远镜目标"。用山打比方的话，这个目标就是山顶。要想到达山顶，就必须一步一步脚踏实地地向上攀爬。这一步一步的攀爬就是"显微镜目标"，即能在数日到数周的时间内实现的目标。在完成一个又一个显微镜目标的过程中，不断接近山顶，等到自己意识到的时候，发现已经到达了山顶。今后就以这样的形式来实现自己的目标吧。

如何制定显微镜目标呢？答案是只要是适合你的都可以！你可以参考以下示例，从自己能做到的事情开始，完成一个目标后再制定下一个，如此反复。

【显微镜目标示例】

- 一周内选三天，精心打扮后去上班，让人以为你今天有约会。
- 这周，把房间打扫干净后再出门。
- 周二至周四，下班后直接回家，不去便利店。
- 上下班坐公交或地铁时，选择站着，而不是坐着。
- 在地铁站，不坐扶梯，改为爬楼梯。
- 这周回家后先卸妆，不要马上躺在沙发上。
- 今天和明天11点前睡觉。
- 晚上10点后看手机，要将屏幕亮度调暗。
- 今天的所有预约，都要提前5分钟到达。

最后关键一步 5

不怕麻烦

"多花点时间的习惯有助于打造易瘦体质。"

当你为饮食基准烦恼时，请一定要想起这句话。

蔬菜汁如果在便利店买的话，是很简单。但是在家里用榨汁机做也不需要花太多时间，而且营养价值更高。早餐的水果也一样，去皮切块只需要几分钟，但如果嫌麻烦而买切好的水果，不但价格更高，营养价值也更低。晚上的蔬菜汤也要自己动手做。

花时间做的食物含有更多身体所需的营养物质，更容易让身体进入良性循环。如果一直都吃速食和快餐，身体的营养状况就无法得到改善，这会令自己经常饱受空腹感的折磨，或需要更多的时间来停止恶性循环。

实施周一断食后，味觉会变得敏锐，饮食上开始注重"质"而非"量"。达到这种心境后，自然就会想吃更美味、对身体更好的食物，也就不会再嫌多花时间、有多麻烦了。在这之前，请先借助意志力改变平时的行为模式、购物习惯。比如不去便利店，改去超市等。

除此之外，我也建议你不要怕麻烦，多花点时间寻找优质的食材和调味料。尽可能选择无添加的有机食材，提高食物的质量。这么做也可以帮助你改变对饮食的认识。

体重和体脂率呈阶梯式递减

我在前文已经说过，大家在开始周一断食之前要先测量自己的体脂率。但是，体脂率这个指标非常狡猾，经常会扰乱你在减肥期间本就摇摆不定的心绪。

开始实施周一断食后，首先减的是体重。体重减少后，人体脂肪所占的比例就会相对地增加，造成体脂率的暂时性升高。这时，请不要懊恼地认为，我的努力都白费了！继续实施周一断食，接下来减的就是体脂率。

来治疗院的患者有时会情绪低落，说些"好不容易瘦了5kg，却没有人察觉到"之类的丧气话。每当这时，我都会劝他们不要沮丧。大部分人实施周一断食的第一个月，即便瘦了4~5kg，体脂率也不会有太大的变化。所以，先为减肥进展顺利感到高兴吧！

先减体重，再降体脂率，最后改变体型。减肥就是不断重复这个过程。将数值图表化，有助于你把握自己现在正处于哪个阶段，由此消除减肥期间的焦虑和不安。

另外，我还要跟大家讲一下"5kg的屏障"。

实施断食后，身体一开始会将肠胃中储藏的没用的、没有完全消化的残留物用作能量。等到残留物枯竭后，才会开始将脂肪转化为能量。这时，体脂率才开始下降。

大多数人在最开始的一个月，基本都能很顺利地减掉5kg。继续执行周一断食菜单，身体才会开始转变为可以燃烧脂肪的体质。所以，后面才是真正该努力的时候。体重减了5kg，体脂率也开始下降了，这才是顺利减肥的证据。离改善体质还差一步。即便在体型上没有感觉到很大的变化，也不要着急。坚持才是关键。

第4章

不再迷茫！
周一断食 Q&A

前文已经介绍了周一断食的基本实施方法。但是，实际操作时，也许还会遇到一些细节上的问题。

　　本章以Q&A的形式整理了一些治疗院的患者们第一次实施周一断食时经常会问的问题。

　　如果你是商务人士，那肯定避免不了一些工作上的应酬。其他人也难免需要和朋友或他人交际。包括这些情况在内，本章列举了系列情况的相关疑问，并做出了详细的解答，供大家参考。希望能在你感到不安的时候帮助到你。

Q 开始实施周一断食后，就不可以参加聚会了吗？

A 生活中聚会在所难免，断食期间可以适当参加。

不知道是不是因为以前尝试的减肥法都要求忍耐，提到断食时，我经常会被问："不可以参加聚会是吧？"但是，并非不可以哦。断食的目的是为了提高生活质量，而不是让你和朋友断绝关系。所以，实施周一断食期间，可以参加一些重要的聚会。当然，我不建议太过频繁。

参加聚会时，尽量选择不会给身体造成损害的吃法和喝法。前文也讲过了（P62），聚会时最好喝鲜榨的葡萄柚汁或柠檬汁掺兑的烧酒。因为水果中含有的酵素有助于消化。要避免以碳水化合物为原料的啤酒和日本酒。我想也没有任何聚会规定必须要喝啤酒吧。

另外，葡萄酒也是一个不错的选择，但是很难把握自己喝了多少，所以一不小心就容易喝多。如果要喝葡萄酒，可以按杯点，让自己能掌握所喝的量。甜口的葡萄酒糖分含量较高，要喝的话，请尽量选择干红。

聚会第二天身体浮肿，是摄取酒精后身体缺水的征兆。喝酒后，体内会流失过多水分，所以请有意识地多补充水分。

至于食物，尽量选择绿色蔬菜、海藻类或菌菇类。煮毛豆和凉拌豆腐等豆制品也可以。实施周一断食的这一个月，最好还是避免碳水化合物的摄入。油炸食物的面衣是碳水化合物，所以如果要吃的话，尽量少吃点。

　　另外，聚会时，请事先定好结束的时间。这一点很重要。喝酒后，往往会不停地吃眼前的食物，不知不觉就容易吃多。假设事先定好了晚上12点前回家睡觉。那么8点之后，你就要告诉自己，不可以再吃了。

Q 断食期间，会影响和朋友的交往吗？

A 可以照常和重要的朋友交往。

如果你告诉了朋友自己正在实施周一断食，她还来约你说"今天就先别减了吧。那家店的松饼真的很好吃！"或"今天好想吃拉面啊！"之类的，那这种朋友，这个月可能少来往为好哦。跟你开个玩笑啦！即便是这种朋友，也可以照常来往，只要稍微改变一下方式即可。

最简单的方法就是把和朋友的约会安排在周末，因为周一断食的菜单规定了周末可以吃任何想吃的食物。另外，时间最好选在午餐时间。如果是午餐的话，即便吃了碳水化合物，也可以在睡前消化掉。所以菜单的选择范围更广。

如果可以，最好由你来选择餐厅。比如你可以争当组织者，然后提出"我想去这家店"。虽然这样做可能有些欠妥，但对方都是朋友，也没关系。总之，要选择适合自己的餐厅。

什么样的餐厅比较合适呢？冬天的话，肯定是火锅。可以以怎么吃都不会胖的优秀食材——蔬菜为主，尽情享受美食。

除此之外，还可以选择除了碳水化合物外其他菜品也非常丰富的日料店、有很多蔬菜料理的素食馆或韩国、越南、泰国等特色料理店。可以将蔬菜和肉类搭配着吃的烤肉店或烤串店也是不错的选择。

　　需要尽量避免的是深受女性喜欢的意式餐厅。大部分意式料理的餐厅，除了沙拉就是比萨、意大利面、面包等碳水化合物。如果真的特别想吃的话，请选择在周末的午餐吃。

Q 实在戒不掉零食，该怎么办？

A 零食可以在周末吃，当作对自己的犒劳。平时要尽量控制。

相信很多人都喜欢吃零食吧。就算是在良食期间，空腹时精神稍有松懈，就会不由自主地把手伸向不远处的零食。并且很多时候，只要吃了第一口，就停不下来了。

为了防止这种情况的发生，只能自己想办法阻止自己。我经常说："既然能养成爱吃的习惯，就必然能养成不吃的习惯。"这个世界上，除了水以外，没有哪种食物是没了它就活不下去的。

曾经有一位患者对我说："工作时总是忍不住吃巧克力。"我就问她："巧克力是在哪里买的？"她回答："早上去公司时在路边的便利店买的。"如果是这样，那就不要让自己去便利店。

想必看到便利店后还是会忍不住进去吧。那就稍微绕远一点，换条路去公司。如果之前一直在便利店买水，那就自己带水壶出门，做好一切不用去便利店的准备。

但是，没必要连享受美食的幸福感都放弃。大多数说着

"戒不掉○○"的人往往买的还都是大包装的，里面有很多独立的分装小包。她们觉得想吃的时候再去买很麻烦，所以就给自己创造了能立即吃到的环境。上文那个在便利店买巧克力的女士也是如此。

今后，就不要再吃那些量多、便宜又不算难吃的食物了。可以在周末用少量但是昂贵的美食来犒劳自己。

周末买一两块高级甜点铺的巧克力，细细品味，以犒劳周二到周五顺利控制饮食的自己。或者可以在周五晚上买一块精致的蛋糕回家，放在周六早上吃。

一边是随手选的零食，一边是为了犒劳自己而精心挑选的精品，自然是后者更为诱人。所以，为了周末的嘉奖，平日里要努力啊！请你养成这样的生活习惯。

Q 生理期到来之前，体重不下降，快要 失去信心了，该怎么办？

A 体重不下降是正常的。只要能维持，就应该表扬自己。

"明明很努力了，但是生理期前，体重却怎么也降不下去……"也许有人会因此感到沮丧。但是，这是正常现象，完全没必要感到沮丧。生理期前，身体会储藏水分，所以就算体重稍有增加，也没必要慌张。

如果生理期前能保持体重不上涨，就请表扬一下自己吧。

但是如果你觉得反正生理期前无论做什么都不会瘦，就开始吃零食或甜点，就大错特错了。生理期前努力的成果肯定会在生理期结束后体现出来。所以，生理期结束后体重如何变化，取决于生理期前你是怎么过的。

也有一些人，会以生理期为理由，擅自决定这周不实施周一断食了。对此，我也会及时阻止。

在治疗院，有一位患者为了消除生理期前的焦躁和过食倾向，让处于崩溃边缘的身体恢复平衡，特意选择断食一天。这位患者说："生理期前断食，可以帮助我缓解经前期综合征，以及对丈夫的不耐烦。"

断食后，身体重新启动，自主神经恢复正常，激素平衡自然也会随之恢复正常。所以，无论是生理期前还是生理期间，都会有明显的效果。请记住，身体处于容易失衡的状态时，更应该通过断食来调节。后文还有摆脱了月经失调的人讲述的亲身经历（P152），大家也可以参考。

Q 最好每天都称体重吗？

A 每天称体重确实是最好的。

　　为了不让身体脱离自己的掌控，建议每天称体重。但是，不要让体重秤上数字的变动影响自己的心情。

　　比起体重，周一断食更重视体脂率。但是如果体重不降，体脂率也不会降低。而且，体重是我们长久以来比较熟悉的数字，所以可以参考它来认识以及把握身体的变化。

　　小问题不在意，累积到一定程度后就会发展成大问题。体重也是一样的，所以通过数字正确认识体重的微小变化十分重要。当发现体重在一点一点缓慢增长时，就会产生"这样下去可不行"的危机意识，进而开始管理。所以，请养成每天称体重的习惯。

　　但是，千万不要被体重牵着鼻子走。今天的努力未必会体现在明天的数字上。如果你将每天的体重制成图表，就会发现体重通常是忽上忽下，呈锯齿状波动的。

　　当今天比昨天增长了300g时，你要做的不是暗自神伤，而是寻找体重增长的原因。只有这样，你才能掌握不发胖的饮食窍门。

最近市面上出现了一些可以和网站或手机应用程序连接的体重秤，只要站在上面，相关应用程序就可以自动帮你把每天的体重都记录下来。怕麻烦的人可以选择这样的体重秤。

若没有这么高端的体重秤，也可以将体重记录在方格纸上，做成图表，让体重变化一目了然。这样的习惯有助于你了解周一断食的成果，从而更有动力地坚持下去。为了让自己时刻提醒自己，你可以将纸贴在体重秤旁边的墙壁上。

顺便说一句，会将体重或当天的感想等认真记录在手账本中，或用Excel进行管理的人，似乎更容易取得断食的效果。能否坚持记录，关系到能否改变人生。这是我接触过那么多患者后的真实感受。

Q 连续执行一个月周一断食的菜单，会不会营养不良？

A 要想改变体质，必须要经历这样的一个月。

一般来说，吃太多或吃太少对身体都不好。俗话说，过犹不及，凡事都要讲究适度。但是，施行一个月周一断食的菜单是改善体质的必经阶段。在体脂率降到理想值之前，不会引起严重损害身体的营养不良。

就像重新装修房子时会将屋子里的东西都暂时搬到外面一样，为了重建身体系统，必须先清空胃，提高肠道的排泄能力，将残留在体内的食物残渣、宿便和多余的葡萄糖都耗尽。只有这样，身体才会开始将储存在体内的多余脂肪转化为能量。

Q 实在无法在晚上 12 点前睡觉，该怎么办？

A 入睡困难的话，就从早起开始吧。

人会在睡眠中变瘦！

前文已经多次提到过睡眠的重要性了。要想瘦，就要早点睡。这是非常关键的一点。

但是，如果因为工作关系，实在无法在晚上12点前睡觉，那就换种方式，从早起开始吧。早起后，白天的活动时间必然会延长，晚上自然就想睡了。

晚上回家后，立即卸妆，冲澡，做好一有睡意就能立即钻到被子里去的准备。这样的努力是必需的。

另外，每晚11点前，一定要关闭电视和电脑的电源，将手机拿去充电。蓝光的刺激非常强烈，长时间盯着这些电子产品看，醒神效果相当于喝了两杯意式浓缩咖啡。

在和众多患者接触的过程中，我发现一些条件相似、接受的指导内容也相同的患者，有的能瘦，有的却瘦不了。他们的差别在哪里呢？答案就是手机依赖症。

日常生活中，如果经常手机不离手，就很容易陷入"看手机→睡得晚→睡眠质量下降→代谢下降→瘦不了"的恶性循环。所以，在实施周一断食的同时，也开始"手机断食"吧。

按理说，睡前1小时不看手机是最理想的。但是根据现在大家对手机的使用情况来看，似乎也有人会因为看不了手机而产生精神压力，进而影响睡眠。遇到这种情况，我在"显微镜目标"那一节中也提到过，晚上10点以后看手机时，可以将手机屏幕亮度调至最低。

趁着周一断食的机会，养成一些良好的小习惯，塑造全新的自己吧。

Q 断食期间，晚上饿得睡不着，怎么办？

A 度过这段时间，就会感觉空腹也很舒服，所以请克制一下。

　　晚上饿到睡不着可以反映出一个人以前的饮食生活状态。有些人是为了全家人能一起吃饭而推迟晚餐时间；有些人是因为每天下班回家时间晚，10点、11点才能吃上晚饭。

　　这样一来，他们就会经常因为早上不饿而不吃早餐。然后，因为没吃早餐，便觉得中午可以连带早餐的热量一起补回来，于是午饭就吃得很饱，然后晚上又很晚才吃晚餐……最后陷入这样的恶性循环。

　　断食最重要的就是晚上空腹睡觉。睡眠期间，身体会重新启动。所以，无论是减重，还是消除疲劳或疼痛，都是在睡眠期间发生的。为了提高身体的恢复、修复能力，就不能因为消化而消耗身体的能量。这是绝对不可动摇的法则。

　　睡前不需要从食物中获取能量。

　　人是会养成习惯的生物。一开始喊着"肚子饿得睡不着"的患者，现在变成了"肚子太饱就睡不着"。体验过空腹睡觉带来的好处之后，就不会再想半夜进食了。

话虽这么说，但还是会有人觉得饿得睡不着很难受吧。温热的饮料具有缓解空腹的功效，如果实在太难受的话，就喝点白开水吧。喝的时候要像品茶一样细细品味。

因为空腹而睡不着的情况只会出现在断食开始的那几天。所以，请好好感受自己身心的变化吧。

人体有一个专治失眠的穴位，睡不着的时候，不妨试着按按看。当然，前文（P56~57）介绍的劳宫穴也很有效。

这个穴位的名称也很通俗易懂，就叫安眠穴。按压该穴位，有助于放松颈周僵硬的肌肉，促进血液循环，调节自主神经，让人体进入放松的状态。

[安眠穴]

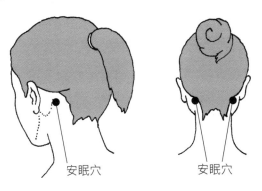

安眠穴　　　　　　安眠穴

令人忘记饥饿、提高睡眠质量的穴位

位置：位于耳后骨头的凹陷处。

按压时机：可以在睡前、洗完澡后放松身体的时候。

按压方法：深呼吸，吐气的同时，从下往上提拉般地按压该穴。15~30次为佳，也可按压到自己感觉舒服为止。

功效：促进睡眠、提高睡眠质量。

Q 为了缓解空腹感，可以嚼口香糖吗？

A 嚼口香糖反而会让空腹感加重，所以不推荐。

不仅是口香糖，糖果也不可以。食物长时间停留在口腔中，会导致人体分泌过多的唾液。唾液又会引起胃酸的分泌，从而让空腹感加重。

人在空腹时，自然而然就会想要咀嚼一些食物。我也能理解这种心情，所以这种时候，就吃无糖的水果干吧。水果干中含有口香糖和糖果中没有的食物纤维等营养物质，还略带甜味，所以可以当作零食来满足自己的口腹之欲。

如果时间比较充裕的话，也可以吃水果，但是量要控制在餐后甜点的程度。

Q 想要快速达到减肥效果，可以一周实施两次断食吗？

A 可以！

接触了那么多患者之后，我发现实施断食可以让长年累月养成的"爱吃的习惯"在短时间内变成"不吃的习惯"。

养成了不吃的习惯后，周一的断食就会变得越来越轻松。另外，身体从蓄积型变成燃烧型后，也会慢慢开始喜欢断食。

此时，如果你想一周再多实施一次断食，就请实施吧。试过之后，如果感觉身体不太舒服的话就立即停止，回到原来的周一断食。

这里再强调一遍，大家千万不要逞强。只有遵从身体的声音，才会获得想要的效果。

Q 断食日能吸烟吗?

A 要是能戒,最好还是戒了吧。

食物忍着不吃勉强还能做到,如果连烟都不可以吸,那我绝对做不到!想想也确实如此。但是,香烟不仅会阻碍血液循环,还会影响大脑激素的分泌,所以为了健康,能戒最好还是戒了吧。

我见过很多爱吸烟的人断食后,味觉变得敏感,觉得香烟味儿难闻,就不再吸烟了。这对吸烟者来讲,也许是一件好事。如果是每天只吸十支左右的轻度上瘾者,甚至可以轻而易举地成功戒烟。我已经见证过很多戒烟成功的案例了,所以请借着断食的机会,把烟戒了吧。

如果是每天要吸二十支以上的烟瘾极大的人,往往只要闲着无聊就会开始吸烟。断食期间,可能每天吸烟的数量甚至还会增加。对于这类人,一开始就要求完全禁烟是不可能的,建议逐步减少吸烟的数量即可。

第 5 章

防止反弹的饮食方法

维持体重型的周一断食菜单

维持体重型菜单

	早餐	午餐	晚餐
周一（断食）	断食	断食	断食
周二（良食）	应季水果和酸奶	喜欢的食物	只吃菜
周三（良食）	应季水果和酸奶	喜欢的食物	只吃菜
周四（良食）	应季水果和酸奶	喜欢的食物	只吃菜
周五（良食）	应季水果和酸奶	喜欢的食物	只吃菜
周六（美食）	喜欢的食物	喜欢的食物	喜欢的食物
周日（美食）	喜欢的食物	喜欢的食物	喜欢的食物

执行了四周的周一断食基础菜单之后，很多人应该都不想再回到原来过食的饮食状态了吧。但同时，可能也会有人认为一直维持良食期间不摄取碳水化合物的生活状态有点不现实。

周一断食的效果会受个人原本的体重、体脂率和体质的影响而不同。接下来，我将根据各种不同的减重情况，向大家介绍一下周一断食的第二个月该如何度过。

在这之前，我想先强调一下，经历了四次断食的身体，现在即将发生巨大的变化。要想从根本上改变体质，至少需要两个月的时间。结束了一个月周一断食疗程的现在，身体正处于过渡期。你自己应该也开始感觉到身体的变化了，比如现在即便吃，体重也不太容易增长了。要想一直保持这种舒适的状态，关键要看第二个月怎么度过。

但是，有些人努力了一个月，获得了一些效果后，就开始掉以轻心。也有一些人觉得必须维持好不容易减掉的体重，每当吃得有点多时就会产生负罪感，压力倍增。

这时，你需要转换思维，好好地享受第二个月以及之后的日子。

我想对努力实施了一个月周一断食的你说："维持体重就是维持健康。"

比起关注体重，你更应该关注自己。早上能够痛快起床的自己，不再觉得站起来麻烦、活动自如的自己，能快速适应环境的变化、保持心情平和的自己。只有关注自己，保持身体健康，才能一直做理想中的自己。记住这一点后，自然就会善待自己的身体。而这又会促使你继续保持良好的饮食和生活习惯。以下就是周一断食的第二个月的菜单，请大家参考。

【早餐】应季的水果和酸奶

和周一断食的基本菜单一样。半个应季水果、1盒（小盒装）或1杯（咖啡杯大小）无糖酸奶。

【午餐】喜欢的食物

除了菜之外，也可以吃碳水化合物。但是注意不要增加进食量。

【晚餐】只吃菜

可以吃蛋白质和蔬菜。两者总量控制在咀嚼后1~2个拳头的大小。另外，请根据进食时间灵活调整晚餐内容，比如不吃蛋白质，只吃蔬菜等。

接下来，就根据不同的情况，介绍第二个月以及之后该如何度过吧。

情况1　成功减重5kg，或接近理想体脂率的人

实施四周维持体重型菜单→之后继续实施维持体重型菜单，或采用适合自己生活方式的饮食，但每个月都要实施1次断食

从第二个月开始，改用维持体重型的菜单。实施四周左右后，就可以养成"断食→良食→美食"的习惯，体质进一步得到改善，身体就会进入理想的"瘦子循环"。

如果你的身体已经适应了这个饮食内容，并感觉很舒服，那第三个月以及以后也可以一直采用下去。这会让你远离不适症状或疾病，保持较高的生活质量。

如果因为各种原因，很多时候都无法实施周一断食，那也没关系。只要一个月保证至少实施1次，就可以轻松地维持体重和体质。

减重目标为7~10kg的人，请尝试"高级篇・大幅减重菜单"（P142）。

情况2　离理想体脂率还差一步的人

再实施两周至四周基础菜单→实施四周维持体重型菜单→之后继续实施维持体重型菜单，或采用适合自己生活方式的饮食，但每个月都要实施1次断食

第一个月减掉的脂肪多为新生成的脂肪。离摆脱积累多年的旧脂肪还差一步。请继续实施一段时间的基础菜单，但不要给自己太多负担。

有些人之所以能让自己坚持，是因为一直想着只要实施四周的周一断食就可以了。这样的人可以让自己暂停一周或两周。但是，要想从根本上改变体质，至少需要两个月。为了稳固实施了四周基础菜单获得的成效，建议暂停的时间不要超过两周。

情况3　体重没怎么下降，或没有达到理想体脂率的人

再实施四周基础菜单（or高级篇·大幅减重菜单）→实施四周维持体重型菜单→之后继续实施维持体重型菜单，或采用适合自己生活方式的饮食，但每个月都要实施1次断食

现在，你的身体正在开始发生变化。如果此时放弃的话，就前功尽弃了。至于体重没有下降，那肯定是有原因的。比如，实施"良食"的日子接连聚餐，导致无法实施基础菜单的日子较多。或者可以享受"美食"的周末，吃喝无节制等。如果出现这些情况，体重下降必然会变得缓慢。

找到问题的根源后，请再实施四周基础菜单。或加大难度，挑战一下"高级篇·大幅减重菜单"（P142）。给身体发送"接下来要改变了"的信号。

继续实施基础菜单，等体脂率接近理想值后，再切换成维持体重型菜单。或者连续实施两周到四周的高级篇·大幅减重菜单，等体重的下降速度发生变化后，慢慢地换成基础菜单。等到体脂率接近理想值后，再切换成维持体重型菜单。这样，一定可以改变自己的体质。

通过"进食时间 × 进食内容 × 进食量"来决定如何吃

在这里，我要介绍一个有关饮食方法的黄金法则。不论什么年龄，不论身体健康与否，不论身处什么样的环境，都适用。掌握这个法则后，你就再也不会为吃什么、吃多少感到迷茫了。

首先，你需要了解进食的时间。中医认为，太阳升起的时间和胃开始活动的时间息息相关。

睡眠期间，看不到太阳，胃也处于休眠状态。早上起床后，胃也跟着苏醒过来。此时，不建议大吃特吃。随着太阳渐渐升起，胃也开始活跃起来，并于下午1点左右达到顶峰。如果要吃喜欢的食物，最好选择这个时段。到了晚上，太阳渐渐西沉，胃也逐渐停止活动。

将进食的时间和各种食物在胃中滞留的时间对照一下，就可以知道什么时间该吃什么食物。

蔬菜（薯类除外）　约45分钟至2个小时消化

白米饭、面类、面包、薯类等碳水化合物　1.5~3个小时消化

肉、鱼、鸡蛋等蛋白质　1.5~4个小时消化

　　倒过来推算，也能算出各类食物可以吃的最晚时间。

　　实施周一断食期间，应在晚上12点前入睡，并保持空腹。所以，假设入睡时间是晚上12点。那么倒过来推算，蔬菜的最晚摄取时间为晚上的10点至11点，蛋白质的最晚摄取时间为晚上8点，碳水化合物的最晚摄取时间为晚上9点。

　　晚上12点是最晚的入睡时间，以上就是各类食物的最晚摄取时间，不能再推迟。这就意味着碳水化合物必须在晚上6点前吃完。实际上，晚上吃完饭、洗完澡，就要睡觉了，并不需要补充碳水化合物来提供能量。

　　晚上所需的能量，靠午餐摄取的碳水化合物就足够了。借此机会，将"晚上不需要碳水化合物"牢记在心中吧。

　　最后是关于进食量。前文也说过了，胃原本只有1~2个拳头的大小，所以进食量也应以咀嚼后1~2个拳头的大小为标准。叶菜类蔬菜的话，为200~300g。100g蔬菜的标准大约是3片生菜叶（大）、半袋豆芽或1根黄瓜（中）。你可以以这个作为参考标准。

　　接下来具体介绍一下"进食时间×进食内容×进食量"。

重点是避免三项标准都是错误的。

周一断食法中的错误标准如下。

- 进食时间：半夜进食或两餐之间进食等
- 进食内容：睡前6小时内摄入的碳水化合物、睡前4小时内摄入的蛋白质、糖分含量高的食物等
- 进食量：超过咀嚼后1~2个拳头的大小

比如，"半夜×白米饭（碳水化合物）×大碗"。这种情况，三项均为错误项。再比如，"早上×松饼（糖分）×两小块（咀嚼后两个拳头大小的量）"。这种情况则是一项错误，两项正确。

太过严格的话，生活会变得拘谨而枯燥。所以一开始的时候，"进食时间×进食内容×进食量"中有两项正确即可。继续实施周一断食的过程中，体质会发生变化，对食物的喜好可能也会随之发生变化。届时，三项均正确的饮食也将不再是难事。

在胃中滞留时间短的食物优于抗饿的食物

　　大家在考虑减肥该吃什么时，第一反应是不是热量低且抗饿的食物呢？在以控制热量为主的减肥中，这也许是常识。但是，时代在发展，我们的减肥方式也在发生变化。

　　现在，减肥的主流是控制糖分。周一断食的大幅减重菜单也是通过限制碳水化合物，大幅减少糖分的摄入。这种方法能让身体进入生酮状态，从而将体内的脂肪转化为能量，消耗体脂肪，而非肌肉。以此达到减重的目的。

　　另外，断食的目的在于让肠胃得到休息。从这一角度出发，如果选择抗饿的食物（也就是在胃中滞留时间长的食物），就必须要注意进食的时间。碳水化合物会在胃中滞留1.5~3个小时，需要消耗大量的能量来完成消化和吸收，令身体机能无法得到提升。

　　经常有人问我："不能吃碳水化合物的话，那用魔芋做的零糖分的魔芋面或魔芋丝可以吗？"这些食物在胃中的滞留时间和碳水化合物相差无几。你可以将食物在胃中的滞留时间（通俗地说，就是消化所需的时间）作为判断标准。这样，当你不知道某种食物是否可以吃时，就可以很快知道答案了。

最后，我也经常遇到这样的提问："既然断食最终也是要求控制糖分，那普通的控糖不行吗？"只注重控制糖分的减肥，缺少了拥有空腹时间的意识。而要想从根本上改变体质，这一点至关重要。事实上，很多曾经尝试过控糖减肥的人都表示，控糖结合断食的减肥效果更好且更快。

便利店是敌还是友？

　　我主张面对食物时要"不怕麻烦"。所以站在个人立场上来讲的话，肯定是不想说出"便利店的米饭也可以"。但是，如果被多花点时间束缚住了，觉得做菜做饭很麻烦，从而开始逃避周一断食，那还不如将便利店当作在困境中向自己伸出援手的朋友。这样的说法也许有点模棱两可，但在这个问题上，我自己也尚处于疑惑的阶段。

　　但是有一点是肯定的，就是不能在犹豫时习惯性地想去便利店。归根结底，便利店只是你的备选项。如果不这么想，你永远无法养成不怕麻烦的习惯。

　　第一选择应该是超市，而非便利店。在超市，你可以买到调好味的鱼和肉，以及切好的蔬菜。只要将它们放在同一个平底锅中煎一下或炒一下，就能做出一道营养均衡的菜。整个过程既不需要菜刀，也不需要砧板，非常简单。营养价值也远比便当或现成的熟食高。餐后的满足感也会有所提升。

　　如果连用平底锅煎炒都做不到的话，还可以使用微波炉。

将切好的蔬菜、洗干净的豆芽、用厨房剪刀剪成小朵的西蓝花等放入微波炉蒸熟，然后撒上盐即可食用。这种方法做出来的蔬菜更加甘甜可口。

希望你去便利店之前，先想想有没有什么能简单完成的料理。如果想过之后，还是觉得做菜麻烦，洗碗麻烦，那就去便利店吧。只不过在便利店的时候要提高警惕，管好自己。因为便利店有甜点，有摆在收银台前的热销零食等，到处都是诱惑。

关于断食期间的饮水

"任何饮料都无法取代水。"这是我在治疗院反复说的一句话。

水的标准饮用量为1天1.5~2L。不渴的时候也要勤补水。外出的时候，带上自己的杯子或水壶，让自己能随时喝到水。

人体的60%都是由被称为体液的水分组成。体液每天都需要更新、净化。所以，经常为身体补充新鲜的水，有助于让身体保持最佳状态。

彻底更换体内的水分需要两周左右的时间。所以，请先用两周时间，每天下意识地多补充水分。两周后，肯定会有很多人惊讶地发现"全身的肌肤都变得柔软光滑了""毛孔不明显了"或"傍晚时，腿部浮肿没有以前那么严重了"。

容易浮肿的人也许会觉得一天难以喝1.5L以上的水。但其实，这一类人才更应该更换体内的水分。容易浮肿的人多伴有体寒的症状，所以，请尽量多喝白开水。经常有人向我反馈说："只是把饮料换成白开水，浮肿就有所缓解了。"

另外，代谢功能差的人喝水之后，可能会暂时性地感觉身体浮肿。一旦浮肿，有些人就会擅作决定，停止喝水。体液（体内的水分）具有改善体内循环、促进新陈代谢的作用，它会将营养输送至身体的各个部位，回收身体不需要的老旧废物并将其排出体外，在人体内扮演着重要的角色。

也就是说，如果不喝水，代谢功能就无法得到提高。

所以，要想在减肥的同时，收获美丽，一天就必须喝1.5~2L水。很多努力断食了体重却不下降的人，往往都有体内水分不足的情况。你是否也是这样呢？

有些人觉得自己每天都会补充大量水分。但我建议的1.5~2L水指的是纯粹的水。咖啡、红茶、绿茶等含咖啡因的饮料具有利尿作用，其中包含的水分还没来得及被身体吸收，就会被直接排出体外。

频繁上厕所容易让人产生体内水分正在更换的错觉。但是请记住，含咖啡因的饮料只会阻碍水分的再吸收，导致尿液增多，不断地蓄积在膀胱内，最后被排出体外。

另外，花草茶等不含咖啡因的饮料也只能作为转换心情的饮料。补充水分主要还是靠水。考虑到身体的构造和功能，任何饮料都无法取代水。

总之，请在开始实施周一断食后的前两周，增强喝水的意识。如果不增强自我意识的话，很难达到1.5~2L的量。但是，习惯之后，就会成为理所当然。

有先天性肾功能障碍或过往有肾脏方面疾病的人，请在主治医生的指导下补充水分。

了解适合各个季节的饮食方法

　　通过断食，身体功能恢复正常后，夏天和冬天的体重自然就会变得不同。冬天比夏天重1~1.5kg是正常的。这不是反弹，请放心。

　　人和动物一样，为了抵御冬天的严寒，身体会囤积脂肪。在"食欲之秋"储蓄食物，到了冬天，就将秋天囤积的脂肪转化为能量，守护身体。最后，用一整个春天修复冬天努力工作的身体。

　　这时的修复如果不顺利，自我免疫力就无法增强，还会引发花粉症等过敏症状。不仅如此，夏天的酷暑也会变得异常难熬。

　　身体如果正常运转的话，会在秋天囤积新脂肪前，利用夏天将体内的多余脂肪耗尽。为了将脂肪转化为能量，需要减少食物的摄取。这就是夏天食欲不振的原理。所以，没必要为了克服"苦夏"而努力进食。

　　如果你夏天依旧食欲旺盛，能吃得下牛排、炸猪排盖饭等，那可能是因为夏天吃了太多冰凉的食物，导致胃功能减弱了。胃的温度下降会引发过食，所以需要特别注意。

- 春天需要增强免疫力，所以这个季节请采用对肠道温和的饮食。
- 夏天需要耗尽脂肪，所以这个季节请多吃时令蔬菜。
- 秋天食物成熟，食欲会变得旺盛，所以这个季节请注意不要过食。
- 冬天身体机能会因严寒而降低，所以这个季节请食用生姜、葱等能温暖身体的食材。

对于减肥而言，没有最佳季节，全年都是最佳时机。但是，也需要根据季节，采用最为合适的饮食方法。

为想要两个月减重 7kg 以上的人准备的周一断食高级菜单

高级菜单·大幅减重菜单

	早餐	午餐	晚餐
周一（断食）	断食	断食	断食
周二（良食）	应季水果和酸奶	只吃菜	蔬菜汤、沙拉、蒸蔬菜等蔬菜料理
周三（良食）	应季水果和酸奶	只吃菜	蔬菜汤、沙拉、蒸蔬菜等蔬菜料理
周四（良食+断食）	应季水果和酸奶	只吃菜	断食
周五（良食）	应季水果和酸奶	只吃菜	蔬菜汤、沙拉、蒸蔬菜等蔬菜料理
周六（美食）	喜欢的食物	只吃菜	喜欢的食物
周日（良食）	应季水果和酸奶	只吃菜	蔬菜汤、沙拉、蒸蔬菜等蔬菜料理

本节就是周一断食菜单的高级篇了。这份大幅减重菜单是专门为想要在两个月内减重7~10kg的人设计的。实施了一个月基础菜单，顺利减去5kg后，如果还想要进一步减重，那就从第二个月开始采用这份菜单吧。

基本内容和基础菜单差不多，只是周四晚上也要实施断食，而且周末的美食仅限周六。

加入晚间断食，是为了加快脂肪的燃烧。人在空腹状态下入睡最有利于燃烧脂肪。所以养成晚间断食的习惯后，体重就会开始快速下降。最终，基础代谢得到提升，身体的修复能力也随之提高，疲劳也变得不容易堆积。

晚间断食后的第二天，也就是周五的早餐，和周二一样，都属于恢复餐。所以请注意，千万不要吃太多。另外，周末的美食定在周六，是为了让周一的断食变得更轻松。

过食会引起下一次过食。所以，如果断食前一天的饮食质量好，你就可以更轻松地控制住断食日当天的食欲。

现在正处于结束了一个月的基础饮食，又即将进入下一个阶段的时期。此时，人们很容易忘记一开始就熟记在心的"早睡"和"补水"两件事。稍有松懈，就会忍不住吃零食。所以，请先复习一遍基础知识后，再进入下个阶段吧。

第 **6** 章

通过断食重获新生！
经验谈

到目前为止，我一共接诊过七万多位患者。他们的症状和个人的烦恼都不尽相同。其中也不乏在医院治疗了多年却不见好转的患者。通过断食，他们的体质得到了飞跃般的改善，病情也出人意料地开始好转。

这一章介绍的案例不是极为少见的成功个例，也不是偶尔发生的奇迹。而是实际发生在很多认真实施断食的人身上的极其普通的案例。

身体的不适症状因人而异，但本章介绍的问题都是日常生活中极为常见的问题，随时都可能发生在你自己身上。

这些经验谈的主角，有的是在治疗院实施的断食，有的是在家里实施的周一断食。但不管是哪种情况，希望他们"因为断食而改变了人生"的故事，可以给你带来勇气与动力。

患有不孕不育症， 但在实施断食三个月后 成功怀孕了！	M女士（三十多岁）165cm 体重 67.3kg→64.2kg 体脂率 35.6%→32% 时间 三个月

M女士是通过朋友介绍来治疗院的。

不孕不育症是指一年以上未采取任何避孕措施，性生活正常而没有成功妊娠。据说M女士婚后一直未能怀孕，苦恼之下就和丈夫一起去了治疗不孕不育的专科医院。经检查，发现她丈夫身上存在一些男性不育的因素，但情况并不严重。

导致不孕的原因除了男性不育之外，还有女性不排卵，以及受精卵不着床。M女士属于后者。

"排卵正常，而且医生也说采集到的卵子质量没问题。但是治疗了半年左右，人工授精也做了，就是没有一点怀孕的迹象……一次体外受精要花费几十万日元，经济负担太重了，所以我就和朋友商量，看看有没有别的方法。朋友给我介绍了关口医生的治疗院。我就把它当作救命稻草一般，决定来治疗看看。"

我建议她先通过断食重新启动身体。虽然会有几个月不适合受孕，但改变体质后再重新尝试无疑是最好的选择。

一开始的三天断食结束后，她的体重减少了3kg，但变化最大的是体温。女性的身体会在排卵期前后进入高温期。这时提高体温有助于受精卵着床。

断食前，M女士的最高体温在36.5℃左右，从没超过37℃。但是，实施断食一个月之后，她的身体开始发生变化，高温期的体温升到了37℃左右。

这时，我又建议她晚间断食。即在排卵期实施晚间断食，为的是让肠胃休息，提高身体代谢，这样有助于体温上升。生理周期为28天的人，从生理期第一天开始数，第十三天左右为排卵期。

在粮食短缺的年代，出生率反而更高，这其实也说明了空腹状态更能激发身体的生殖功能。很多例子都证明了要想提高生殖功能，就不能摄取过多营养。

在不孕不育专科医院没有得到任何治疗效果的M女士，通过断食感受到了排卵期前后身体情况以及体温的变化，心态也一点一点变得积极向上起来。

终于，在实施断食大约三个月后，M女士通过电话告诉了我怀孕的喜讯。

"开始断食前，我几乎已经放弃了。但断食后，我明显感觉到了身体的变化，最后竟然成功怀孕了！"

医学的发展固然重要，但我想让更多的女性知道还有断食这种方法，可以帮助身体恢复原本的功能。也希望她们在了解之后愿意实践这种方法。

首先，你可以像M女士一样，只在排卵日实施晚间断食。这么做之后，你可以感受到身体的某些变化。如果没有效果，到时再依靠药物或其他方法也不迟。

直径8cm的子宫肌瘤，
一个半月后缩小到了
3cm。

F女士（四十多岁）150cm
体重 51.4kg→44.6kg
体脂率 31.4%→23.7%
时间 一个半月

虽然很难从西医的角度解释，但是断食确实能在减少体重的同时，让子宫肌瘤变小。F女士断食前直径8cm的子宫肌瘤，在一个半月后缩小到了3cm。

子宫肌瘤造成的两个症状一直困扰着F女士。

一个是便秘。肌瘤变大后，有时会压迫大肠的出口，造成排便困难。便秘也是情绪低落、焦虑的源头。F女士也不例外。刚来治疗院的时候，她总是沉默寡言，问一句，回答半句。

但是现在，随着肌瘤缩小，便秘问题得到了解决，F女士也变得开朗了。甚至可以笑着跟她开玩笑："一开始的时候，你根本就不理我！"

第二个症状是月经失调。据她说，她每个月的生理期反应都很剧烈，出血量多到需要用两张卫生巾才不会漏。

月经失调的人容易长子宫肌瘤，并且很多人都偏好甜食。而甜食又会促进雌激素的分泌，使肌瘤变得更大。F女士也喜欢冰淇淋、黄油等动物性蛋白质。

在我看来，如果摄取的营养超过了身体所需，多余的营养就会提供给细胞，造成肌瘤变大。

其实，F女士来治疗院的目的是减肥。肌瘤变小只是附带的收获。

"一个半月的时间，体重减了6.8kg，体脂率降了7.7%，肩颈酸痛也治好了。除了这些身体的变化之外，最让我感到惊讶的是连子宫肌瘤都变小了！"

体内循环得到改善，便秘问题解决后，F女士的情绪也变得稳定了。

"令我感到惊讶的是除了身体上的变化外，还有精神上的变化。现在我焦虑的次数减少了，人际关系也变好了。我是将自己的负面情绪都储存在了体内多余的脂肪上了吧。体重终于回到了20年前。所以感觉像是在一个半月内扔了20年的垃圾一样。"

断食不仅可以从根本上改变身体，甚至还可以改善自己意想不到的问题。

生理周期变成28天，
痛经和经前期综合征
也有所缓解。

T女士（二十多岁）
未测量

　　T女士的生理周期非常紊乱，有时候是40天，有时候一个月甚至会来两次。造成这种情况的原因是反复减肥。

　　"我的体重一直在变化，一年内起伏5kg已是常态，甚至可以说我的人生只有瘦的时期和胖的时期。"

　　众所周知，反弹的一个副作用就是月经失调。通过高强度的减肥，在短时间内大幅减重时，也可能造成月经停止。

　　在治疗院，通过断食，一两个月减重近10kg是常有的事，但没有一个人的月经会因此停止。

　　这是因为断食不是在逼迫身体，而是在帮助身体恢复到原始状态。按照自己的方式减肥，短时间内减去大量体重，之后又反弹的话，会造成自主神经失衡，激素紊乱。而这就是导致月经失调的主要原因。

　　另外，T女士平时午餐会吃两个饭团、面包、甜果汁、甜品，都是些糖分含量高的食物。但是一旦开始减肥，就几近绝食。

你也许会觉得从绝食这个层面来讲，T女士采取的方法和断食没什么两样。但是，前文也提过了，在断食减重的过程中，恢复餐是非常重要的。所以，在正确的知识的引导下，凭借自己的意志实施的断食，和通过忍耐令人倍感压力的绝食，存在着很大的差别。

T女士的饮食要么是0，要么是100。这就是最好的证明。

"减肥时，我会极端地控制进食量。通过这种做法，虽然体重会有所减少，但同时也会积攒很多焦虑和压力。等积攒到一定程度后，就出去暴食一顿……"

将大量食物送入几乎空荡荡的肠胃后，体重往往会比平时增长得更多。这也是绝食和断食的不同之处。

对于这样的T女士，我要求她在生理期前的一周以及进入生理期后的第二天或第三天实施晚间断食。

生理期前一周正是焦虑、烦躁等经前期综合征显现的时候。此时实施晚间断食，可以缓解焦虑，防止过食。

进入生理期前，女性的体温会逐渐升高，使具有兴奋作用的交感神经占据主导地位。此时是很难抑制食欲的。交感神经过于兴奋，会导致过食，所以需要通过晚间断食来加以控制。只要交感神经不过于兴奋，就可以轻松地度过令人困扰的经前期综合征时期。

另外，进入生理期后，体温从高温期骤降，副交感神经接替交感神经占据主导地位，使身体进入休息模式。此时，如果交感神经和副交感神经对人体的作用形成较大的落差，痛经就会变严重。在进入生理期后的第二天或第三天实施断食，有助于减小这种落差。

T女士通过断食学会了控制身体。她的生理周期恢复到了28天，痛经和经前期综合征也得到了缓解。

"经血的颜色也从暗红色变成了干净的鲜红色。以前，我觉得生理期前和生理期间是不能没有甜食的，但现在已经决定这段时间绝对不吃甜食。"

T女士马上就要结婚了，为了婚礼，现在正在实施断食减肥。

体重减轻了，
春天也没有得花粉症！

H女士（四十多岁）153cm
体重 85.7kg→57.3kg
体脂率 47.5%→30.0%
时间 六个月

H女士是一位营养师。不知道是不是因为职业关系，她平时接触吃的机会比较多，而且经常因为不想浪费而把食物都装进自己的胃里。当体脂率高达47.5%，并且膝盖出现疼痛时，她终于感受到了危机，决定开始接受治疗，以恢复健康的身体。最终，用了半年时间成功减重28.4kg。

通过断食，H女士的体重飞快地下降，对此她感到非常开心。而在实施断食四个月后的春天，她又察觉自己的体质发生了巨大的变化，再次强烈地感受到了断食的效果。

"我的花粉症非常严重，每年都必须服药才行。但是，今年年后，临近春天了，却一点症状都没有。我第一次感觉到原来春天这么舒适啊。"

其实，像H女士这样，减肥的同时，顺便治好了花粉症等过敏症状的案例不胜枚举。

过敏大多是由肠道环境恶化，免疫力下降引起的。实施断食后，肠道不再堵塞，恢复了原本的功能，肠道环境自然就得到了改善。过敏症状也因此得到缓解。

"体质改变后，连精神都变得积极向上了，这是最让我感到开心的事情。"

除了花粉症之外，还有人通过断食减重治好了困扰多年的重度特应性皮炎。这位患者被这种戏剧性的变化深深地震撼，最后甚至辞职去了针灸学校学习。

也许你的初心是减肥，但断食会给你带来各种意想不到的附加收获。

四个月时间，
血压、血糖、胆固醇
都回归正常。

O女士（六十多岁）155cm
体重 74.9kg→60.0kg
体脂率 45.6%→36.8%
时间 四个月

高血压、高血糖、高血脂，这些都是所谓的生活习惯病。断食前，O女士就是标准的"三高"患者，已经到了生病的边缘。医生给她开了药，并让她减肥。但是她不知道如何减，于是就来到了我的治疗院。

"我不想吃药，所以就决定减肥。话虽这么说，但当时的我完全无法想象断食。但是，开始断食之后，却意外地发现并没有感到太多的痛苦，还变得越来越期待称体重。"

O女士用一个月的时间减掉了10kg，四个月减掉了15kg。通过断食，并搭配恢复餐，她的身体变得能将脂肪转变为能量了，体脂率也以肉眼可见的速度降低了。

内脏脂肪减少，变硬变细的血管就会恢复正常，血压自然会下降。

内脏脂肪减少，胰岛素就会恢复原有的作用，将多余的糖分转化成能量，使血糖下降。

内脏脂肪减少，低密度脂蛋白胆固醇就会减少，而高密度脂蛋白胆固醇就会增加，使胆固醇恢复正常。

就这样，O女士也如愿无须服药，"三高"症状就得到了改善。减肥也进展得十分顺利，后来她还如愿以纤细优雅的姿态出席女儿的婚礼。为此，她非常感谢我。

困扰多年的
皮肤粗糙问题，
彻底解决了。

Y女士（三十多岁）165cm
体重 52.6kg→47.7kg
体脂率 22.7%→17.4%
时间 一个月

Y女士身高165cm，体重52.6kg，本就属于比较清瘦的类型。她本人尝试断食的目的也不在于减肥，而是改善始终无法解决的肌肤粗糙问题。

"第一次断食的周一晚上到周二，我出现了疲倦、犯困、恶心、头痛的症状。但是，出现不适的症状也就只有这一天半。第二次断食就什么都没发生，极其顺利地度过了一天。"

Y女士表示，整个过程并没有当初想象的那么痛苦。而且和长期只能吃类似食物的健康法不同，断食法的自由度更高，周末的美食期间，可以吃自己喜欢的食物，所以更适合自己。

"白天除了碳水化合物，什么都可以吃，而且周末对饮食没有限制，这两点是我的精神支撑。"

在希望得到改善的皮肤粗糙问题方面，Y女士也感受到了惊人的效果。

"第三周开始，痘痘完全消失了，肌肤变得非常光滑。这可把我高兴坏了。现在断食已经超过了四周，但肌肤依旧非常光滑细腻。真是难以置信。"

除此之外，Y女士提出的另一个烦恼——月经失调也得到了改善。

　　"平时间隔四十天的生理期，这次三十天左右就来了。这也是断食的效果吗？我需要更多的时间才能判断是否真的奏效了。但是这几年，我的生理周期一直都没有变过，所以，说真的，我非常惊讶。"

　　Y女士断食的目的不是减肥，但是实施了四周的周一断食后，她的体重减少了4.9kg。这个结果也让她本人感到非常惊讶。

　　"对我而言，体重是次要的。但是，减掉一些多余的东西之后产生的变化还是令人高兴的。特别是下半身，内裤都变肥了。为了不浪费新买的内裤，我一定要维持现在的体重和体型。"

附录 良食期间的食谱

当你不知道吃什么的时候，可参考如下菜单。

 午餐 千层白菜猪肉蒸锅

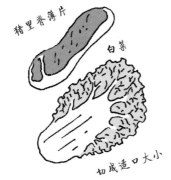

猪里脊薄片
白菜
切成适口大小

材料　1人份
白菜……1大片
猪里脊薄片……80g
料酒……1大匙
盐……1/3小匙
日式橙醋①……适量

注：①可用加了柠檬汁
的酱油替代。

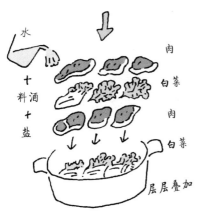

水
＋
料酒
＋
盐

肉
白菜
肉
白菜
层层叠加

中火转小火
焖

制作方法

① 将白菜和猪里脊薄片切成适口大小。

② 先在锅底铺上一半白菜，再在上面铺上一半猪肉。剩下的白菜和猪肉也按照同样的方法放入锅内。

③ 在锅内加入50ml水、1大匙料酒和1/3小匙盐，盖上锅盖，开中火。煮至沸腾后，转小火，再焖10~15分钟，待猪肉煮熟即可。蘸日式橙醋即可食用。

午餐 锡纸蒸白肉鱼

材料 1人份
鳕鱼等白肉鱼
……1块
喜欢的蔬菜（洋葱、
卷心菜、菌菇类、豆
芽等）……适量
料酒……适量
油（色拉油或橄榄油
等）……适量
日式橙醋……适量

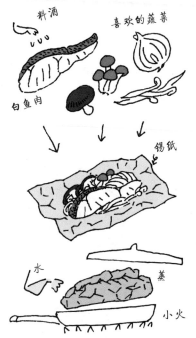

制作方法

① 在白肉鱼上淋一点料酒，腌制10分钟左右。期间，将蔬菜切成适口大小。

② 在锡纸上刷一层油，然后放上擦干水的白肉鱼和切好的蔬菜，包裹好。

③ 将②放入平底锅，加入少量水后盖上锅盖。开小火蒸15~20分钟。蘸日式橙醋即可食用。

材料 2人份
鸡胸肉……1块
菠菜……1把
金针菇……半袋
其他喜欢的蔬菜……
适量

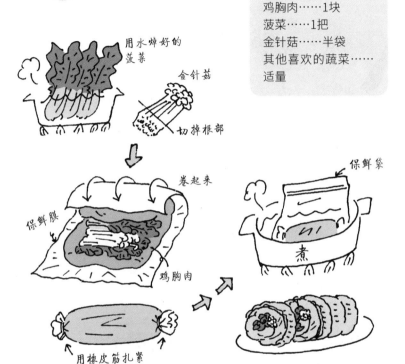

用水焯好的菠菜

金针菇

切掉根部

卷起来

保鲜袋

保鲜膜

煮

鸡胸肉

用橡皮筋扎紧

制作方法

① 将菠菜用水焯过后，切成适宜的长度。将金针菇切掉根部。然后把鸡胸肉放在保鲜膜上，用菜刀拍成相同的厚度。

② 将①中的蔬菜排放在鸡胸肉上，就像卷寿司一样卷起来。卷好后，用橡皮筋把保鲜膜两端扎紧，放入保鲜袋。

③ 在锅中加水煮沸，将②中的保鲜袋放入锅中，在沸腾的水中煮5~10分钟。切开即可食用。可根据自己的喜好，蘸调味料享用。

※也可以用锡纸卷起来，放入平底锅翻面煎10分钟左右。或加入水，盖上锅盖蒸熟。

晚餐 简单的蔬菜浓汤

茄子　洋葱　蟹味菇　切掉根部

切粒　　　　　　　　盐

用橄榄油炒

水

炖煮

适口大小的卷心菜

番茄汁

盐+胡椒粉

材料　1人份
洋葱……1/4个
茄子……半根
蟹味菇……1/4袋
卷心菜……1片
其他喜欢的蔬菜……
适量
橄榄油……适量
水……200ml
无盐番茄汁
……150~200ml
（※根据自己的口味，调节水的用量）
盐、胡椒粉……各少许

制作方法

① 将洋葱和茄子切粒，蟹味菇切掉根部，卷心菜切成适合食用的大小。

② 在锅中倒入少量橄榄油，开火加热，然后放入除卷心菜以外的蔬菜，再加入适量盐，不断翻炒。

③ 倒入200ml水，煮沸后转中火，直至将蔬菜煮熟。

④ 倒入番茄汁、卷心菜。待煮沸后，用盐和胡椒粉调味即可。

※当作午餐时，可加入培根、土豆和胡萝卜。

164

晚餐 ## 西蓝花豆浆汤

材料　2人份
西蓝花……3~5小朵
洋葱……1/4个
胡萝卜……1/6根
橄榄油……适量
水……200ml
无添加豆浆……150ml
清汤调料……5g

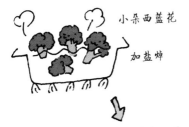

小朵西蓝花

加盐焯

胡萝卜切片

清汤调料

水

洋葱切丝

先炒再煮

豆浆　　西蓝花

制作方法

① 将西蓝花分成小朵，放入盐水焯一下（或用保鲜膜轻轻包裹住还带有水分的西蓝花，放入微波炉加热至变软）。将洋葱切丝、胡萝卜切片（也可以加入菌菇类或其他喜欢的蔬菜）。

② 在锅中倒入橄榄油，开中火加热。放入洋葱，炒至发软。然后放入胡萝卜，轻轻翻炒之后倒入水和清汤调料。

③ 待蔬菜煮软后，加入豆浆和西蓝花，煮至稍稍沸腾即可。

晚餐　简单的蔬菜杂烩

材料　1人份
洋葱……1/4个
茄子……1/2根
番茄……1/2~1个
橄榄油……适量
大蒜……1/2片
（或少许蒜泥）
盐、胡椒粉……少许

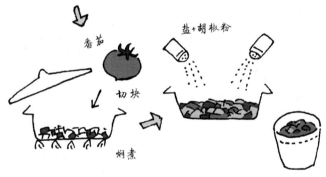

制作方法

① 将蔬菜切成小块，大蒜切成末。

② 将橄榄油倒入锅中，放入大蒜，用中小火加热。待炒出蒜香后放入除了番茄以外的蔬菜，加少许盐，转中火翻炒。

③ 待②中的蔬菜炒熟后加入番茄，轻轻翻炒。然后盖上锅盖，小火煮5~10分钟。最后用盐和胡椒粉调味即可。

※如果觉得麻烦，也可以使用去皮番茄罐头来代替番茄。剩下的去皮番茄可以放入保鲜袋，压平，放入冰箱冷冻。中午吃的时候，可以浇在煎好的鸡肉、猪里脊肉或鱼肉上食用。

后记

两年前的某一天，一位女性来诊疗院就诊。

她说："我有个朋友不仅在短时间内健康地瘦了，皮肤也变得光彩照人，浑身都散发着正能量。我看了她的变化后非常惊讶。一问才知道她在关口针灸治疗院接受了断食治疗。所以今天我也预约了来这里看看。"这位女性就是策划本书出版的日本文艺春秋的樋口步女士。

一开始的时候，她跟我说："我想要改善腰痛，体重无所谓……"但是，治疗了几次之后，她就决定实施断食，最后瘦了7kg。开始断食一周后，她的腰痛就明显减轻了，一直有点干燥的皮肤也渐渐焕发光彩，变得紧致。和她一个部门的同事们看到她的变化后，也纷纷来治疗院。结果，部门的5个人中，有4个人通过断食重获新生变美了，引起了轰动。这个影响一直持续至今，现在依旧有很多编辑、设计师们来我的治疗院挑战断食。

但是遗憾的是，后来樋口女士调到别的部门去了。本书的新负责人山本浩贵先生后来跟我说："我以前觉得断食实施起来非常难。调到新部门后，部门里的女同事们都一个劲儿地跟我说断食有多好。"山本先生后来也尝试了周一断食，四周后体重减了5.5kg。

本书就是在各方人士的信任和支持下诞生的。我花了一年多的时间，思考该如何向大家普及断食的效果和必要性。万幸在这过程中，得到了很多人的鼎力相助。

我相信通过本书，大家会发现周一断食既是一种高效的减肥法，同时也是帮你打造健康长寿体质的终极健康法。

我由衷地感恩与断食的相遇。

向我传达断食妙处的中式专业针灸治疗院"Hurri"的王尉青先生，现在仍是我的老师、恩人。我能像现在这样以针灸师的身份工作，也完全得益于当初能在王先生的治疗院中工作。对此，我深表感谢。

针灸的力量非常强大。它可以帮助你轻松地抑制食欲，甚至一边哼着歌一边度过断食日。在中国，人们早在两千多年前就开始将针灸应用于治疗中了。所以，针灸治疗的效果有漫长的历史和经验考证。

断食法不依赖针灸的效果，所有人都可以在日常生活中实施。作为针灸师，却提倡这样的断食法，是因为我想让更多的人了解到断食这种中医的智慧。

在我的治疗院工作的针灸师们也都是针灸和断食效果的忠实拥护者。他们非常期待这本书的诞生，也在制作过程中给予了我各种各样的建议。借此机会，我想向我的员工们表达诚挚的谢意。谢谢大家！

另外，我也要感谢文艺春秋策划本书的樋口步女士、帮助并指引我完成本书的山本浩贵先生以及帮我组织稿件的今富夕起先生。

最后，我还想感谢各位读者，谢谢你们选择了这本凝聚了很多人心血和爱的书。同时，我也衷心地祝愿并且相信大家能够通过周一断食获得更美、更健康的新生活。

关口 贤

图书在版编目（CIP）数据

　　周一断食 /（日）关口贤著；吴梦迪译. -- 南京：
江苏凤凰文艺出版社，2020.7(2023.3重印)
　　ISBN 978-7-5594-4901-6

　　Ⅰ.①周… Ⅱ.①关… ②吴… Ⅲ.①减肥 – 方法
Ⅳ.①TS974.14

　　中国版本图书馆CIP数据核字(2020)第086078号

版权局著作权登记号：图字 10-2020-203

周一断食

[日] 关口 贤 著 吴梦迪 译

责任编辑　王昕宁

特约编辑　周晓晗 王　瑶

责任印制　刘　巍

出版发行　江苏凤凰文艺出版社

　　　　　南京市中央路165号，邮编：210009

网　　址　http:// www.jswenyi.com

印　　刷　天津联城印刷有限公司

开　　本　880毫米×1230毫米　1/32

印　　张　6

字　　数　100千字

版　　次　2020年7月第1版

印　　次　2023年3月第5次印刷

书　　号　ISBN 978-7-5594-4901-6

定　　价　48.00元

江苏凤凰文艺版图书凡印刷、装订错误，可向出版社调换，联系电话025- 83280257

快读·慢活®

《30天养成易瘦体质》

1天养成1个瘦身习惯，简单、轻松、易坚持

　　日本"运动＆科学"代表、NACA认证的力量与体能专家在本书中教大家从"心理＆大脑""营养""运动"等三方面，正确认识减肥、避开减肥误区，让大家通过30天的"易瘦体质训练"，减少脂肪、紧致肌肉，养成一生受益的"易瘦体质"。1天只需实践1个项目，30天就能养成易瘦体质，易坚持、不易反弹！书中更有简单易操作的拉伸指南、运动方法等内容，超级实用！

　　随书附赠《易瘦体质养成记录手册》，让你通过记录清楚地知道自己每天完成的项目，切实地感受减肥的效果。让我们现在就开始吧！

快读·慢活®

《少食生活》

少吃一点，活久一点！

日本年度话题好书！改变500,000人的饮食习惯。消化科名医、健康管理师亲身实践，从不健康的生活到少食生活，解读暗藏在饮食生活中的健康密码、长寿秘诀。控制进食的节奏、时间和次数，关注排毒与健康，从细胞层面对抗肥胖与炎症，延缓衰老，实现高质量的长寿生活！

理论知识和实践指导相结合，专业权威，内容科学且通俗易懂，让你能看懂、易操作，立刻就能实践健康且长寿的生活！

快读·慢活®

从出生到少女，到女人，再到成为妈妈，养育下一代，女性在每一个重要时期都需要知识、勇气与独立思考的能力。

"快读·慢活®"致力于陪伴女性终身成长，帮助新一代中国女性成长为更好的自己。从生活到职场，从美容护肤、运动健康到育儿、家庭教育、婚姻等各个维度，为中国女性提供全方位的知识支持，让生活更有趣，让育儿更轻松，让家庭生活更美好。